主食沙拉

SALAD

萨巴蒂娜——主编

中国轻工业出版社

目录

容量对照表

1 茶匙固体调料 =	**5** 克
1/2 茶匙固体调料 =	**2.5** 克
1 汤匙固体调料 =	**15** 克
1 茶匙液体调料 =	**5** 毫升
1/2 茶匙液体调料 =	**2.5** 毫升
1 汤匙液体调料 =	**15** 毫升

第二章
缤纷搭配的
主食沙拉

第三章
夹起来
最奇妙的
三明治

第四章
美食必要
美饮配

常用单位对照表

g= 克
mg= 毫克
ml= 毫升
cm= 厘米

菜谱图例说明

烹饪这道菜总共所需要花费的时间。

菜品制作的难易程度。

多吃一口，也不要紧

最近沉迷健身，在健身房挥汗如雨两个小时，走出室外，温暖的风吹着湿润的脸颊，在因运动而产生的多巴胺的作用下，有一种“江山我有”的感觉。

我并不想太限制饮食，我健身是为了能更加好好地吃，感觉可以吃得身心都满足，还可以保持健康，那是世界上最幸福的事。但是饮食结构是必须要科学调整的，不然辛苦健身岂不是白费了?

可是我又很忙碌，每天奔波在这个社会上，多希望回到家里可以简单烹饪就能吃上可口的料理，满足我健康和胃口的需求。

于是，主食沙拉就这么诞生了。

爽滑可口的意面沙拉，撒上大把大把的芝麻菜，太适合我的胃口了。吃完肚子很饱，又没有那种因为吃太多碳水化合物和肉类而产生的“负罪感”。

可以用来做主食沙拉的食材太多了！比如说——

小土豆！小土豆刚上市的时候，谁能拒绝嫩到皮子一搓就掉、有着大自然气息的小土豆呢?做成土豆沙拉，一口一个，绝对享受！

还有发芽的藜麦，那是上帝恩赐的健康食材，混合一些坚果，做成热沙拉，多吃几口也不要紧。

再有烤南瓜。我喜欢那种绿皮的小南瓜，切成块，用烤箱烤到表面略焦，放进沙拉里，啊，真是又香又甜！

全麦面包切小粒，也是用烤箱烤到香脆，可以做成各种吐司沙拉，试试就知道，好吃到能令你腾空飞起。

还有香甜的玉米粒、花式坚果、香蕉、菠萝、紫薯……写着写着，都开始流口水了。

主食沙拉可以当一日三餐，甚至略加变化，做成三明治或者沙拉卷，成为外出旅游的料理。

记着我说的：多吃一口，也不要紧哦！

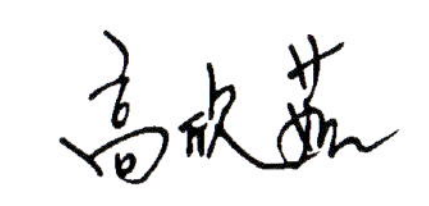

萨巴小传：本名高欣茹。萨巴蒂娜是当时出道写美食书时用的笔名。曾主编过五十多本畅销美食图书，出版过小说《厨子的故事》，美食散文集《美味关系》。现任“萨巴厨房”主编。

萨巴蒂娜
个人公众订阅号

敬请关注萨巴新浪微博 www.weibo.com/sabadina

常用食材

基础类

吐司

超市或面包房贩售的切片吐司，有原味和全麦等品种，购买时请选择没有过多糖分添加的（例如椰蓉、核桃等口味）。

法棍

大型超市或欧式面包房均有销售，体形长短粗细不一，味道大同小异，根据菜谱或自己的喜好来选择。刚刚出炉的法棍外酥内软，口感最佳。

南瓜

原产于墨西哥，明代时传入中国，富含南瓜多糖、类胡萝卜素、果胶、矿物质、氨基酸等多种营养成分。

糙米

稻谷仅去除外层硬壳而保留内部护皮层的子粒即为糙米，富含膳食纤维、维生素与矿物质，深受瘦身人群的喜爱。

燕麦

低糖、高营养、饱腹感强，食用之后不会像小麦制品一样让人血糖迅速升高，而是平稳地在人体内转化、释放能量，因此是高血糖人群的极佳主食。

意面

长形、蝴蝶形、宽形等形状各异的意大利面，可以满足各式菜谱的需求。主要以杜兰小麦制作，富含蛋白质，耐煮，口感弹牙。

玉米

营养全面，富含蛋白质、维生素、钙、磷、铁、镁等营养成分，另外玉米中的膳食纤维可降低人体肠道内致癌物质的浓度，减少结肠癌和直肠癌的发病率；玉米中的木质素可使人体内巨噬细胞的活力大大提高，抑制癌症的发生。

藜麦

原产于南美洲，20 世纪 80 年代被美国国家航空航天局用于太空食品，联合国粮农组织认为藜麦是全球唯一一种单体植物即可满足人体基本营养需求的物种。近两年刚刚开始走入中国市场。

馒头

中国传统面食，北方人较多食用。有白馒头、全麦馒头、黑面馒头等品种可以选择。

紫薯

除了具有普通红薯的营养成分之外，还富含硒元素、花青素和铁元素，日本国家蔬菜癌症研究中心公布的抗癌蔬菜名单中，紫薯位列第一。

叶生菜

叶面宽阔平整，整片铺盘具有很好的装饰性，撕成小块或者夹在三明治中也是很好的选择。

球生菜

球生菜叶形紧实，较叶生菜病虫害少，保存周期长，叶质含水量多，也更加清脆爽口。

牛油果

牛油果又名“酪梨”，由于营养价值丰富，被誉为“森林奶油”，成熟的牛油果口感上也与奶油近似。漂亮的颜色和特别的口感，用在沙拉中格外增色。外皮呈墨绿色手捏略软的成熟牛油果才可以食用。

圆白菜

又称“高丽菜”“包菜”，稀松平常的它可是位列世卫组织推荐的健康食物第三名。购买时应挑选叶片包裹紧致，外皮呈淡绿色，水分多且叶片柔嫩的为佳。

芝麻菜

源自意大利的品种，和国内的芝麻菜有着完全不一样的味道，它的英文名为rocket，又称火箭菜，嚼起来有浓郁的芝麻香味，在大型进口超市的蔬果区可买到。

苦苣

清热解毒的苦苣，口感清爽，购买方便，价格亲民，其本身就是做沙拉的重要食材，在难以购买意大利芝麻菜时，它也是最佳的替代品。

圣女果

迷你的圣女果使用起来非常方便，甚至可以整颗丢进沙拉里，也可以切开摆盘做成各种造型为沙拉添色。

土豆

作为世界第四大粮食作物的土豆，除了有很强的饱腹作用，还富含蛋白质和碳水化合物，有土豆参与的沙拉几乎可以独成一餐。

黄瓜

一年四季都能方便购买的蔬菜，分为刺黄瓜和水果黄瓜两种，前者黄瓜香气更浓，后者水分含量大。

洋葱

市售常见的品种有紫皮洋葱和黄皮洋葱。除了颜色的区别，紫皮洋葱味道会更加浓郁一些。同时，洋葱还是非常好的保健食材。

秋葵

脆嫩多汁，润滑不腻，清香而营养丰富，可增强人体免疫力，保护胃黏膜，益肾健脾。

杏鲍菇

原产于欧洲地中海区域，菇鲜肉肥，购买便捷，烹饪方便，可以降低胆固醇、降血脂。

口蘑

主产于我国内蒙古，因通过张家口市销往全国，故称口蘑。株型小巧可爱，购买时应选取色泽洁白、水分饱满的口蘑。

紫甘蓝

富含多种维生素，对高血压、糖尿病患者有非常好的保健作用。同时颜色也很特别，切成细丝拌入沙拉中格外漂亮。

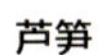

芦笋

富硒食物，并且含有丰富的膳食纤维和多种维生素、氨基酸，有很好的抗癌功效。

番茄

富含维生素的番茄口感酸甜，颜色鲜亮，拌在绿色菜为主的沙拉里可以丰富色彩，口味上也使得沙拉更具层次。

西蓝花

原产于地中海沿岸，被誉为蔬菜皇冠，营养成分位于同类蔬菜之首。购买时应选取株型紧凑，颜色碧绿略带白雾的植株。

菠菜

产于秋冬寒冷季节的菠菜富含铁元素，被誉为“营养模范生”，富含多种维生素、矿物质、辅酶 Q10 等营养元素。

胡萝卜

素有小人参之称，含丰富的胡萝卜素、花青素、维生素、矿物质，可降低胆固醇，预防心脏疾病和肿瘤。

西芹

保健效果非常好的蔬菜，含有丰富的膳食纤维，有益肠道健康，热量极低，是沙拉中广受欢迎的食材之一。

荷兰豆

虽然叫做荷兰豆，最早的产区却是泰缅边境地带。口感脆嫩，颜色碧绿，是制作沙拉的上好食材。

青豆

在中国已有五千年栽培史，富含不饱和脂肪酸和大豆磷脂、皂角苷、膳食纤维等，对心脑血管保健和抑制癌症均有食疗功效。

莲藕

原产于印度，很早便传入中国。能消食止泻，开胃清热。口感脆嫩清爽，热量低。虽然沙拉是西方菜式，但加入莲藕，则中西合璧，会令沙拉更富创意。

长豇豆

夏秋季节常见，健胃补气，口感脆嫩，不同于芸豆，长豇豆生食并无毒素。因此可以放心用于沙拉制作。

大虾

河虾、明虾都是不错的选择，如果不喜欢处理虾壳，也可以直接购买冷冻虾仁来代替。

北极贝

呈漂亮红色的北极贝是在捕捞后45分钟内于捕捞船上加工烫熟并速冻制得，脂肪低，味道鲜美，营养丰富。

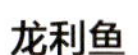

龙利鱼

龙利鱼肉质鲜美，无刺，方便处理，蛋白质含量高，营养丰富，而热量极低。

蟹棒

鱼糜经过调味，模拟阿拉斯加雪蟹腿肉制作的鱼糕。购买时请尽量选购淀粉含量较低的商品，味道更佳，热量也会更低。

三文鱼

富含DHA，营养丰富，热量低。购买时以新鲜的中段部位为佳。

扇贝

制作沙拉时，一般选取新鲜或速冻扇贝，而不是干贝。

肉 蛋 类

培根

西式肉制品三大主要品种之一，略带烟熏风味，是将猪肉经过烟熏等加工而成。市售培根都已切好薄片，取用方便。

鸡胸

高蛋白、低热量，价格低廉，烹饪方便，是沙拉一族首推的肉类食材。

鸡翅

以鸡翅中为最佳部位，皮质细嫩，肉质鲜美，热量比鸡胸肉要高，但是味道也香浓很多。

金枪鱼罐头

富含欧米伽3脂肪酸，热量低，肉质细腻。市售金枪鱼罐头分为水浸和油浸两种，推荐购买前者，不油腻且降低热量摄入。

牛肉

牛肉中的肌氨酸比其他任何食品都要高，对增长肌肉、增强力量非常有效。并且富含维生素B_6、肉毒碱、亚油酸、蛋白质和钾、锌、镁、铁等营养元素，是增肌第一食物。

肉松

分为牛肉松、猪肉松，近年来还有鱼肉松出现。无论哪种，请购买大品牌的肉松，才能有品质保证。

鸡蛋

价格低廉又百搭的沙拉食材，富含蛋白质，饱腹感强，营养丰富，基本无论哪种沙拉都可以让它来参与演出。

鹌鹑蛋

富含蛋白质和多种营养物质，对心肺疾病和神经衰弱有食疗效果，还具有美肤养颜的功效。

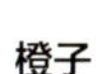

火龙果

富含植物蛋白质、花青素、水溶性膳食纤维等，性凉，多食不上火。

猕猴桃

也称奇异果，口感酸甜，购买时应选择饱满的果实，捏起来略微发软即为成熟。尚未成熟的果实可以和苹果一同放置，两三天即可熟透。

香蕉

富含钾元素，对通便润肠也有奇效。如一次性购买一大把香蕉，可用保鲜膜包住香蕉把，即能延长存放时间。

橙子

以赣南脐橙为佳，富含维生素C和胡萝卜素，可促进血液循环、软化保护血管、预防胆囊疾病。

雪梨

凉性水果，润肺清燥，止咳化痰，养血生肌。但是脾胃虚弱者不宜多食。

苹果

热量低，口感佳，饱腹感强。其中的营养成分非常容易被人体吸收，有“植物活水”之称。

草莓

被誉为“水果皇后”，因为食用期仅春天一季，所以显得格外珍贵。其富含维生素C，含量是苹果、葡萄的7~10倍。

杨桃

亚热带水果，切面呈现漂亮的五角星状。可促进消化，但性较寒凉，脾胃虚弱体寒者少食。

蓝莓

原产于北美地区，富含花青素，可以抗癌、保护视力、软化血管、增强人体免疫力。蓝莓的成熟季节也很短，但是可以于应季时多购买一些，冻于冰箱内，食用时再拿出解冻即可。

核桃

有“长寿果”的美誉，富含不饱和脂肪酸、维生素和多种矿物质以及粗蛋白，可益肾定喘，润肠通便。

巴旦木（大杏仁）

原产美国，又称扁桃仁、大杏仁，杏仁皮含有类黄酮，具有抗氧化作用，能保护人体细胞，延缓衰老。杏仁肉中含有的膳食纤维能够显著降低胆固醇水平，有益心血管健康。

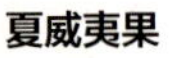

夏威夷果

原产澳洲，被誉为“干果之王”。有着含量极高的单不饱和脂肪酸，能起到双向调节人体胆固醇的作用。经常食用对心脏益处多多，还能降低血压。

腰果

原产于美洲，富含蛋白质，并含有日常谷物中不包含的氨基酸种类，口感非常香浓，是世界四大坚果之一。

脱皮白芝麻

经过复杂工艺去除芝麻种皮角质层的白色芝麻粒，口感香脆细滑。其中含有的亚油酸可调节胆固醇，维生素 E 可养颜润肤。

海苔

经过调味的紫菜，摊薄烤熟，就是市售的海苔（也叫烤紫菜）。浓缩了紫菜当中的 B 族维生素，含有丰富的矿物质，具有抗癌、抗衰老的功效。

花生仁

富含蛋白质、维生素及矿物质，含有 8 种人体必需的氨基酸和不饱和脂肪酸，以及卵磷脂、膳食纤维等。可以促进脑细胞发育，增强记忆力。

新鲜薄荷

主产于江苏、安徽，各大花卉市场亦可购买到盆栽。口感清凉，可以缓解感冒症状，败火清心。喜水易活，可以栽种一盆在厨房窗台处。食用时剪取顶端嫩叶即可。

罗勒

又称九层塔，其品种丰富，常见的为大叶罗勒、紫罗勒等品种，是广泛应用的新鲜香料。习性同薄荷相似，花卉市场也可购买到盆栽。

现磨黑胡椒

大颗粒的胡椒装在瓶中，瓶口自带研磨装置，现用现磨，胡椒的香气被保留得更好。

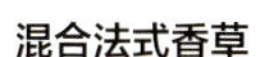

混合法式香草

是百里香、迷迭香、罗勒、香薄荷、龙蒿叶、薰衣草花混合制成的干燥香料。香气浓郁，制作出的菜肴极具地中海风味。如果购买不到法国产，意大利产的混合香料也可以。

迷迭香

原产欧洲地中海沿岸，香味独特。如果当地花卉市场有售，可以买成株，边种边用，如果购买不到，可以买干燥的迷迭香来代替。

喜马拉雅粉红盐

喜马拉雅冰川提取的上古食用盐，极为纯净，颜色呈漂亮的淡粉色，咸味不如海盐浓烈。

香葱

原产于德国，四季可见。不同于大葱，香葱是以食用葱绿部分为主，购买时选取根茎细而饱满的品种为佳。

工具类

柠檬榨汁器

榨汁器比双手更能轻松地保证一颗柠檬的出汁率，并且还能过滤果肉和果核，同样也可以拿来榨橙汁、西柚汁等。

沙拉搅拌套件

一般是一勺一叉的组合，可轻易将沙拉食材和酱料搅拌均匀，且不会损伤各种柔嫩的蔬菜。

蒜泥压榨器

与传统的蒜臼相比，它使用更为便捷，剥好的蒜瓣只要轻轻一压就能变成细腻的蒜泥，但是使用它时一定要确保蒜瓣非常新鲜饱满。

切蛋器

有了它就可以轻松地将煮熟的鸡蛋瞬间变为均匀漂亮的薄片，并且保持蛋黄的完整。

沙拉碗

半圆形深厚的沙拉碗是搅拌沙拉的必备工具，相较平底的盆子，几乎没有搅拌死角， 更利于沙拉材料与酱汁的混合。

切碎机

坚果、洋葱、蔬菜 …… 交给它，轻松变身均匀的小颗粒，省时省力。

烘焙用油纸

具有不粘效果，有一定硬度，可直接与食品接触，是制作纸盒三明治必需的材料，也可以包裹法棍类面包制作的特殊尺寸的三明治。食用时注意观察，用光滑无印花的一面接触食物。

保鲜膜

食用保鲜膜包裹三明治，卫生又方便。在制作超厚三明治时，保鲜膜是用来固定三明治的最佳材料。

保鲜袋

小号的保鲜袋用来装三明治再合适不过，购买时请选用加厚的材质，以防保鲜袋被食材刺穿。

三明治专用袋

专用的三明治密封袋，食品级 PP 制作，有便捷密封线，选购时注意尺寸，小号使用的最为普遍。个别三明治需要使用大号。

自制常用沙拉酱

经典美乃滋

风味特点

浓滑 / 香醇细腻 / 百搭

经典美乃滋的由来：中世纪的法国大厨们，首创了以蛋黄和油脂经过激烈搅打后形成的奶油状酱汁，用来搭配各种沙拉和菜肴，他们称之为“mayonnaise”，这便是美乃滋一词的由来。由于配方中的蛋黄是关键的食材和乳化剂，传入中国后，它又被称为“蛋黄酱”，是最基本和经典的沙拉酱汁。

用料

蛋黄 **2** 个 / 玉米胚芽油 **250**ml / 白醋 **3** 汤匙 / 第戎芥末酱 **1** 汤匙 / 白胡椒粉 **5**g / 盐 **5**g

做法

1. 将蛋黄倒入沙拉碗中，加入第戎芥末酱和盐、白胡椒粉，用打蛋器搅拌均匀。
2. 加入 1 勺玉米胚芽油，继续搅打，直至油蛋完全融合后再搅拌 10 秒钟。
3. 继续加入下 1 勺玉米胚芽油，重复以上步骤。
4. 大约加至 70ml 玉米胚芽油后，沙拉酱开始变得浓稠，此时加入 1 勺白醋搅匀，使沙拉酱略微稀释。
5. 继续重复玉米胚芽油的添加和搅打，此时一次可放 2 勺左右的量。
6. 加至 150ml 玉米胚芽油后，第二次加入白醋 1 勺。
7. 继续添加玉米胚芽油，此时可一次加入 3 勺左右的量。
8. 至全部玉米胚芽油添加完毕后，加入最后 1 勺白醋搅打均匀即可。

适用范围

作为沙拉酱之王的经典美乃滋，几乎可以适用于任意种类的沙拉，无论是蔬果还是肉、蛋，全都搭配得相得益彰。

千岛酱

风　味　特　点

浓郁 / 酸爽 / 层次丰富

千岛酱的由来：在美国和加拿大边界处，有个风景美丽的旅游胜地，叫做千岛湖。湖中心就是美加分界线，南边是美属纽约州，北边是加属安大略省。著名的千岛酱就源于此处。它在经典美乃滋的基础上，加入酸爽的番茄汁和酸黄瓜碎粒，口感更具层次。

用料

经典美乃滋 **100**ml / 番茄酱 **100**ml / 俄式酸黄瓜 **3** 根

适　用　范　围

相较于经典美乃滋，略带酸咸口感的千岛酱比较适合搭配蔬菜、肉、蛋以及奶酪制品。

做法

1. 将番茄酱倒入已制作好的经典美乃滋中，搅拌均匀。
2. 将俄式酸黄瓜切成碎丁，加入酱汁中拌匀即可。

1

2

塔塔酱

风味特点

香浓 / 口感丰富 / 具层次感

塔塔酱的由来：在经典美乃滋的基础上衍生出来的塔塔酱，加入了香浓的白煮蛋碎末和蔬菜、香草，常被用来搭配各种炸制的食物，可以平衡口感和消除油腻，虽然制作略微繁琐，却是非常美味的酱汁。

适用范围

口感层次丰富的塔塔酱，用来搭配各种肉、蛋、蔬菜都很合适，尤其搭配油炸制品时有着非常好的解腻效果。

用料

经典美乃滋 **100**g / 白煮蛋 **2** 个 / 洋葱 **1/4** 个 / 俄式酸黄瓜 **2** 根 / 新鲜欧芹碎 **1** 汤匙

做法

1. 用切碎机将洋葱切成碎粒。
2. 用切蛋器将白煮蛋切成碎粒。
3. 酸黄瓜切成同样大小的碎粒。
4. 将洋葱粒、白煮蛋粒、酸黄瓜粒放入制作好的经典美乃滋中，再撒入新鲜欧芹碎拌匀即可。

1

2

3

4

法式芥末酱的由来：法国第戎（Dijon）地区盛产白葡萄酒和优质芥末，当地人融合这两种产物制作出的黄色奶油状略带辛辣的第戎芥末酱是全球美食界驰名的优质酱料。法国大厨们在这种酱汁的基础上，加入甜美的蜂蜜和鲜爽的柠檬汁，拌入沙拉后口感别具一格。

用料

第戎芥末酱 **3** 汤匙 / 柠檬半个 / 蜂蜜 **2** 汤匙

做法

1. 将半个柠檬的汁挤入第戎芥末酱中，搅拌均匀。
2. 加入蜂蜜，搅拌均匀即可。

法式芥末酱

风味特点

香辛 / 酸甜 / 解腻 / 清爽

适用范围

略带刺激口感和甜味的法式芥末酱，用于海鲜、蔬菜、水果、肉、蛋和奶酪制品时都有着非常不俗的表现。

低脂酸奶酱

风味特点

香甜 / 轻盈 / 低脂 / 细腻

低脂酸奶酱的由来：常规的沙拉酱汁往往口感浓厚，热量较高，含有大量的油脂，令瘦身人群望而却步。以酸奶为主体，代替美乃滋调味的低脂酸奶酱应运而生，还兼具了促进肠胃消化的功效，近年来备受沙拉爱好者的推崇。

用料

原味酸奶 **200**g / 柠檬半个 / 白砂糖 **1** 茶匙

适用范围

简单甜美的低脂酸奶酱，特别适合用于蔬菜、水果和蛋类的沙拉组合。

做法

1. 用榨汁器将柠檬汁榨出。
2. 将榨好的柠檬汁与白砂糖倒入酸奶中，搅拌均匀至白砂糖完全溶解即可。

1

2

意式油醋汁

风味特点

轻盈/酸郁/香醇

意式油醋汁的由来：不同于味道浓郁高热量的美乃滋系酱汁，意大利人发明于中世纪的油醋汁是清爽酱汁的先河之作。最早发明时并不是用于沙拉，而是用来搭配餐前面包，蘸取而食。制作这款酱汁，最好选用初榨的特级橄榄油，搭配地道的意大利巴萨米克陈醋，才能品尝到最为正宗的意式风情。

用料

橄榄油 **150**ml / 巴萨米克醋 **50**ml / 第戎芥末酱 **1** 汤匙 / 现磨黑胡椒碎适量 / 盐适量

适用范围

意式油醋汁与美乃滋是调制沙拉的两大王牌，能够使同样的食材带来完全不同的感受。适用于蔬菜、肉、蛋和奶酪制品。

做法

1. 将巴萨米克醋倒入第戎芥末酱中，搅拌均匀。
2. 加入橄榄油，用打蛋器打匀，或者放入密封杯中使劲摇匀。
3. 根据个人口味加入适量的盐和现磨黑胡椒碎调味即可。

1

2

3

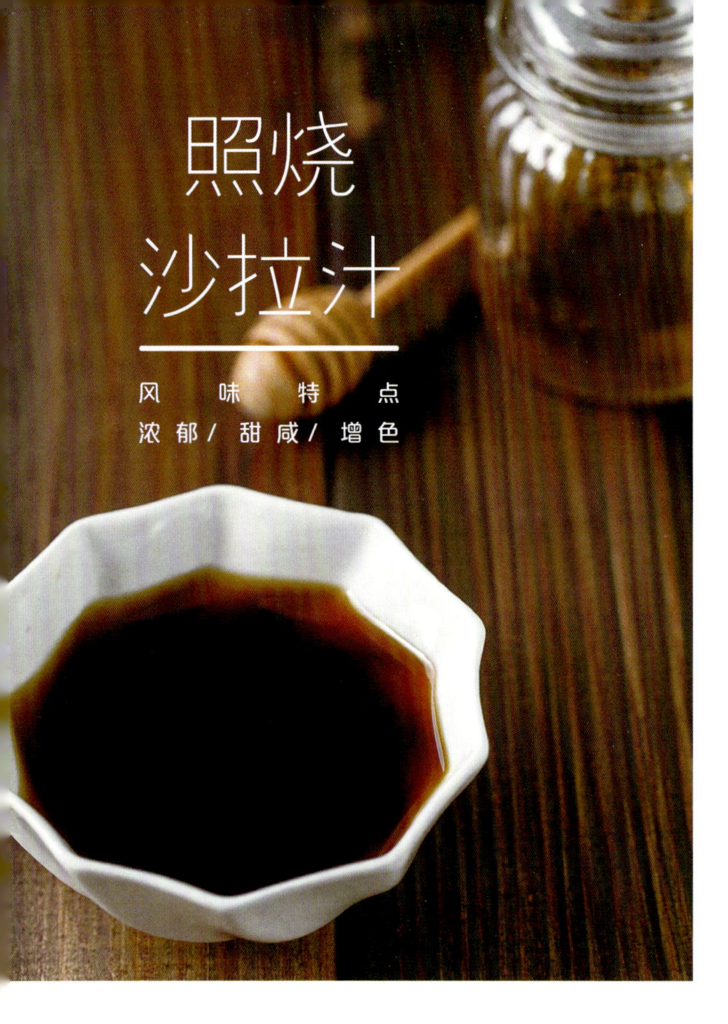

照烧沙拉汁

风　味　特　点

浓郁/ 甜咸/ 增色

照烧沙拉汁的由来：照烧汁源自日本，甜咸适宜，味道浓醇，色泽厚重而具光亮感，如被阳光照耀般明亮，故得名“照烧汁”。不同于其他沙拉酱汁的直接使用，这款酱汁一般用于肉类的腌渍，或于烹饪时加入。

用料

生抽 **4** 汤匙 / 蜂蜜 **4** 汤匙 / 料酒 **2** 汤匙 / 清水 **2** 汤匙

做法

1. 蜂蜜中加入清水。
2. 用筷子搅拌至蜂蜜完全溶化。
3. 加入料酒，拌匀。
4. 加入生抽，搅拌均匀即可。

适　用　范　围

这款酱汁融合了蜂蜜的甜美与生抽的咸香，加以料酒调味，最适合肉类使用。

糖醋汁的由来：在中国有着上千年历史的油醋汁，是江浙菜系和粤菜系中重要的酱汁，甚至粗犷的东北菜也会出现它的身影。无论西湖醋鱼、糖醋里脊还是锅包肉，任何油腻荤腥碰到它都即刻化解，是中华饮食文化中的基础酱汁。

用料

清水 **30**g / 白砂糖 **20**g / 香醋 **25**g / 生抽 **10**g / 料酒 **10**g / 番茄酱 **20**g / 盐 **1**g

做法

1. 白砂糖中加入盐和清水。
2. 用筷子搅拌至白砂糖基本溶化。
3. 加入香醋和料酒，拌匀。
4. 加入番茄酱、生抽，搅拌均匀即可。

适用范围

酸酸甜甜的糖醋汁，最适合油炸的肉类。有它的助攻，仿佛能攻克一切油腻感。

第一章

有粮食的主食沙拉

黄金吐司火腿沙拉

闪电般的吐司变身

20分钟　简单

特色

剩余的白吐司，用烤箱加工一下，加上最方便的食材，快手搞定一份色香味俱全的沙拉，就是这么简单便捷。

做法

1. 烤箱 200℃预热 5 分钟。
2. 吐司切成 1cm 见方的小块。
3. 将吐司块烘烤 5 分钟，关闭电源。
4. 玉米粒放入开水中煮沸，捞出沥水。
5. 黄瓜洗净去头，切 0.5cm 见方的粒。
6. 火腿也切成小粒备用。
7. 生菜叶洗净，沥去多余水分，铺在盘底。
8. 将黄金吐司脆粒、玉米粒、黄瓜丁和火腿丁一起放入沙拉碗，加入经典美乃滋拌匀后，倒入铺好生菜叶的容器中即可。

主料

吐司 **2** 片 / 无淀粉火腿 **50**g / 黄瓜 **1** 根 / 冷冻玉米粒 **50**g

辅料

叶生菜若干片 / 经典美乃滋 **25**g

参考热量

合计 **538** 千卡

TIPS

选用无淀粉火腿是为了避免摄入过多的碳水化合物，口感也更佳。如果没有，可以用普通火腿肠代替。

本菜所用沙拉酱：经典美乃滋 022 页

黄金吐司培根沙拉

剩 吐 司 也 有 春 天

20分钟 简单

特色

剩余几片吐司不知道该怎么办？用烤箱烤得金灿灿的，拌进沙拉里，香香脆脆，又补充碳水化合物，一举两得！

主料

吐司 **2** 片 / 培根 **4** 片 / 芦笋 **200**g / 圣女果 **50**g

辅料

千岛酱 **30**g

参考热量

食材	吐司 2片	培根 4片	芦笋 200g	圣女果 50g	千岛酱 30g	合计
热量	200 千卡	140 千卡	44 千卡	11 千卡	142 千卡	537 千卡

TIPS

采用不粘锅是为了用培根自身的油脂来烹饪，可以减少单餐脂肪的摄入量。

吐司可以根据个人喜好选择种类，换成全麦吐司或者杂粮吐司也是不错的选择。切忌选用甜味夹馅的吐司(如椰蓉吐司)。

营养贴士

培根有健脾、开胃、祛寒、消食等功效，其磷、钾的含量丰富，但因含盐量较高，不宜一次多吃。

做法

1. 烤箱 200℃预热 5 分钟。
2. 吐司切成 1cm 见方的小方块。
3. 将吐司块放入烤箱烘烤 5 分钟，关闭烤箱电源。
4. 芦笋洗净切去根部老化的部分，洗净后斜切成薄片。
5. 淡盐水烧开，放入芦笋烫 30 秒捞出，沥干水分备用。
6. 圣女果洗净去蒂，对切备用。
7. 培根放入不粘锅煎熟，稍微冷却后切成与吐司差不多大小的小方块。
8. 将烤好的黄金吐司脆粒、芦笋片、圣女果和培根片放入沙拉碗中，用千岛酱拌匀即可。

本菜所用沙拉酱：千岛酱 023 页

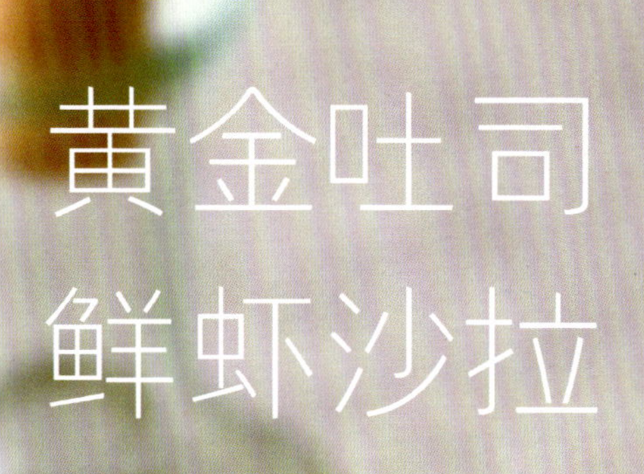

黄金吐司鲜虾沙拉

鲜 虾 与 秋 葵 的 神 助 攻

20分钟　简单

香脆的吐司，鲜嫩的大虾，搭配多汁的秋葵，红红绿绿的一大盘，营养全面，热量合理，是健康的不二之选。

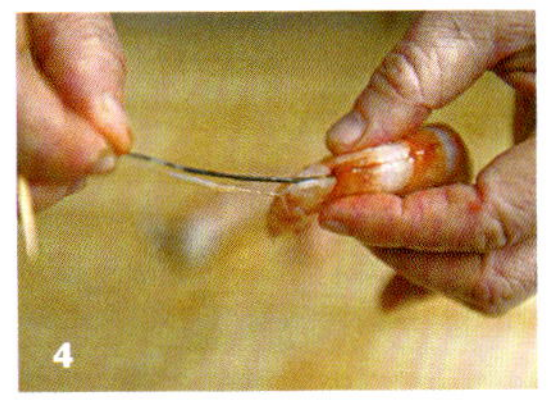

做法

1. 烤箱 200℃预热 5 分钟。
2. 吐司切成 1cm 见方的小块。
3. 将吐司块放入烤箱烘烤 5 分钟，关闭烤箱电源。
4. 鲜虾去壳，剔去虾线。
5. 洗净后放入开水中烫 1 分钟捞出，沥干水分备用。
6. 秋葵去蒂洗净，切成 0.8cm 左右的小段，放入开水中烫 1 分钟后捞出，沥干水分备用。
7. 番茄去蒂洗净，切成半圆形的薄瓣，球生菜洗净，用手撕成硬币大小的块。
8. 将黄金吐司脆粒、烫好的虾肉和秋葵丁、番茄片和生菜块放入沙拉碗中，淋上千岛酱拌匀即可。

主料

吐司 **2** 片 / 鲜虾 **100**g（可食部分）/ 球生菜 **50**g / 秋葵 **50**g / 番茄 **1** 个

辅料

千岛酱 **30**g / 柠檬（可选）

参考热量

食材	吐司 2 片	鲜虾 100g	球生菜 50g	秋葵 50g
热量	200 千卡	87 千卡	44 千卡	11 千卡
食材	番茄 1 个（约 120g）	千岛酱 30g	合计	
热量	24 千卡	142 千卡	508 千卡	

TIPS

如果家里有柠檬，可以挤上几滴柠檬汁，能巧妙地将虾的腥味转变为鲜味。

营养贴士

虾不仅热量低，且营养价值极高，含有大量的维生素和锌、碘、硒等营养元素，可以增强人体免疫力，补肾抗衰老。

本菜所用沙拉酱：千岛酱 023 页

蒜香吐司鸡蛋沙拉

简简单单，营养满分

25分钟　简单

特色

当喷香的蒜蓉烤吐司遇上蛋白质满满的鸡蛋，再点缀以圣女果、洋葱，营养均衡且极具饱腹感的沙拉就诞生了。

主料

吐司 **2** 片 / 鸡蛋 **2** 个 / 洋葱半个 / 圣女果 **50**g

辅料

大蒜 **3** 瓣 / 黄油 **10**g / 千岛酱 **35**g / 盐少许

参考热量

合计 **628** 千卡

做法

1. 大蒜洗净后用刀拍松，去皮后压成蒜泥，加一小撮盐调匀。
2. 黄油用微波炉中火加热10秒钟化开成液体，加入蒜泥拌匀。
3. 烤箱180℃预热后，将黄油蒜泥涂抹在吐司片上，放入烤箱上层烤5分钟后关火，用余温继续焖烤备用。
4. 鸡蛋放入开水煮8分钟，捞出过两遍凉水。
5. 冷却后的鸡蛋去壳，切成小丁。
6. 洋葱洗净去皮，切成碎粒，加一小撮盐拌匀备用。
7. 圣女果去蒂后洗净，切成4小瓣。
8. 将鸡蛋丁、洋葱粒和圣女果放入沙拉碗中，加千岛酱拌匀，蒜香吐司切成1cm见方的小块，撒进沙拉里拌匀即可。

TIPS

新鲜的鸡蛋剥壳会更加容易，判断鸡蛋是否新鲜，只需将鸡蛋放入凉水中，沉底的就是新鲜的鸡蛋，浮在上面的煮熟后不仅剥壳困难，也是在提醒你再不吃可要过期啦！

本菜所用沙拉酱：**千岛酱 023 页**

蒜香四溢的脆吐司，喷香的鸡腿肉，绿油油的西蓝花，一份沙拉不仅好吃，还同时满足了人体对碳水化合物、脂肪、蛋白质和维生素的诸多需求！

蒜香吐司
鸡腿沙拉
沙 拉 也 要 香 喷 喷
35 分钟
中等
LEWIS ROAD

做法

1. 鸡腿洗净剔骨，切成适口的小块，放入碗中加少许料酒、黑胡椒和盐，腌渍5 ~ 10分钟。
2. 西蓝花洗净切小朵，在烧开的淡盐水中烫1分钟后捞出沥水。
3. 大蒜去皮后压成蒜泥，加一小撮盐调匀。
4. 黄油用微波炉中火加热融化成液体，加入蒜泥拌匀。
5. 烤箱180℃预热后，将黄油蒜泥涂抹在吐司片上，放入烤箱上层烤5分钟后关火，用余温继续焖烤备用。
6. 炒锅烧热后加入橄榄油，将腌渍好的鸡腿肉倒入，翻炒至表面熟透，加入少许纯净水后迅速盖上锅盖，以中小火将鸡腿肉焖熟，待水分基本蒸发后关火。
7. 烤好的吐司切成适口的小块。
8. 将西蓝花、鸡腿、蒜香吐司放入沙拉碗，加经典美乃滋即可。

主料

吐司 **2** 片 / 鸡腿肉 **100**g / 西蓝花 **200**g

辅料

大蒜 **3** 瓣 / 黄油 **10**g / 橄榄油 **15**ml / 黑胡椒粉、盐各适量 / 料酒 **1** 汤匙 / 经典美乃滋 **20**g

参考热量

合计 **769** 千卡

本菜所用沙拉酱：经典美乃滋 022 页

西蓝花切分的时候很容易掉很多碎屑，其实只要从根部切出纹路，用手撕开即可避免这种情况发生，干净又不会浪费食材。

蒜香吐司金枪鱼沙拉

迷　人　的　烤　蒜　香

20 分钟　简单

特色

吐司抹上细腻的蒜蓉，经过烘烤，散发出诱人的香气，配上低热量又鲜美的金枪鱼泥，加上脆脆的紫甘蓝和胡萝卜，是一款口感非常丰富的沙拉。

主料

吐司 **2** 片 / 水浸金枪鱼罐头 **100**g / 紫甘蓝 **100**g / 胡萝卜 **50**g

辅料

大蒜 **3** 瓣 / 黄油 **10**g / 经典美乃滋 **20**g / 盐少许

参考热量

合计 **585** 千卡

做法

1. 大蒜洗净后用刀拍松，去皮后压成蒜泥，加一小撮盐调匀。
2. 黄油微波热化，与蒜泥拌匀。烤箱预热 180℃。
3. 黄油蒜泥抹在吐司上，烤箱上层烤 5 分钟关火，用余温焖烤。
4. 金枪鱼罐头取出鱼肉，将鱼肉压碎，加入经典美乃滋拌匀。
5. 紫甘蓝洗净沥水后切成细丝，胡萝卜洗净刮成细丝。
6. 胡萝卜与紫甘蓝一起放入沙拉碗，撒少许盐拌匀。
7. 加入金枪鱼沙拉泥，用筷子拌匀。
8. 将蒜香吐司取出，将沙拉置于整片吐司上直接食用。

TIPS

如果没有烤箱，也可以将吐司切成小块，将黄油蒜泥放入锅中加热，然后把吐司块放入，翻炒至金黄色有浓郁蒜香味即可。

本菜所用沙拉酱：**经典美乃滋 022 页**

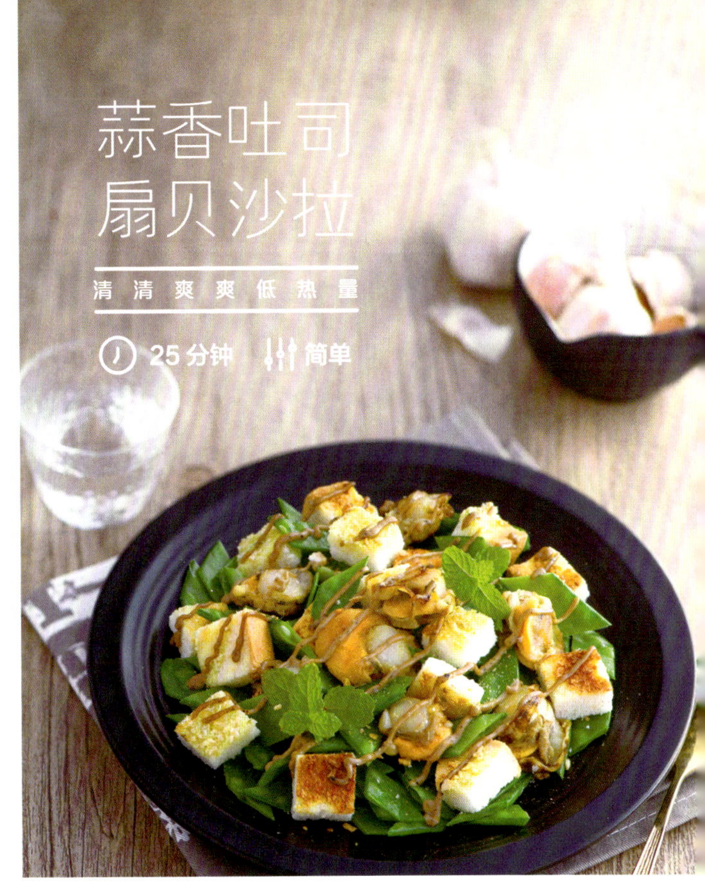

特色

大蒜的香气可以为平淡无奇的白吐司增香。搭配脆嫩的荷兰豆，就是一份富有创意的爽口沙拉。

主料

吐司 **2** 片 / 扇贝肉 **100**g / 荷兰豆 **150**g

辅料

大蒜 **3** 瓣 / 黄油 **10**g / 料酒 **1** 汤匙 / 意大利油醋汁 **20**ml

参考热量

合计 **429** 千卡

TIPS

荷兰豆两侧的筋会影响口感，在处理的时候，掰开头尾的一侧，顺着脉络方向向下撕，注意头尾两边撕不同的方向，即可去除干净。

本菜所用沙拉酱：**意式油醋汁 027 页**

做法

1. 大蒜洗净后用刀拍松，去皮后压成蒜泥，加一小撮盐调匀。
2. 黄油微波热化，与蒜泥拌匀。烤箱预热 180℃。
3. 黄油蒜泥抹在吐司上，入烤箱上层烤 5 分钟关火，用余温焖烤。
4. 锅中热油，两面煎透扇贝，淋料酒，待其蒸发完毕后盛出。
5. 荷兰豆择净，放入烧开的淡盐水中煮熟，捞出沥水。
6. 将烤好的吐司切成小块。
7. 将煮熟的荷兰豆切成适口的小段。
8. 将蒜香吐司、荷兰豆、扇贝浇上意式油醋汁，拌匀即可。

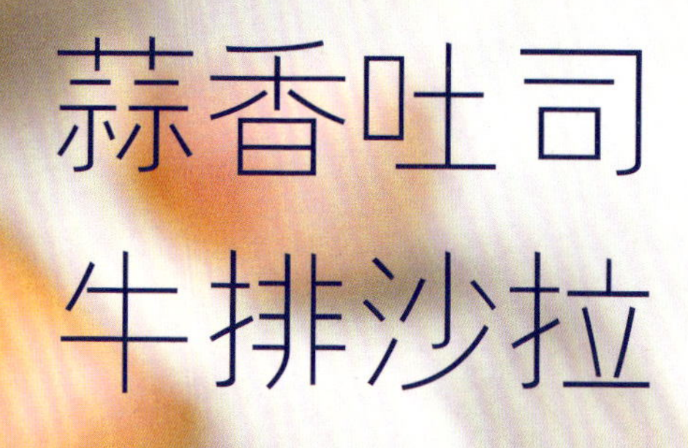

蒜香吐司牛排沙拉

大快朵颐，增肌拍档

30分钟　中等

特色 当牛排以沙拉的形式出现，配上蒜香脆吐司和意大利的芝麻菜，沙拉也可以瞬间变得高端大气上档次，给味蕾以五星级的享受。

做法

1. 洋葱洗净，切成细丝，加少许盐腌渍备用。
2. 大蒜洗净后用刀拍松，去皮后压成蒜泥，加一小撮盐调匀。
3. 黄油取一半量用微波炉中火加热10秒钟化开成液体，加入蒜泥拌匀。
4. 烤箱180℃预热后，将黄油蒜泥涂抹在吐司片上，放入烤箱上层烤5分钟后关火，用余温继续焖烤备用。
5. 炒锅烧热后加入剩余的黄油，放入牛排煎至个人喜好的程度，盛出稍微冷却后切成适口的小块。
6. 将牛排搭配的黑椒汁放入锅中加热后关火备用。
7. 芝麻菜去根洗净，切成小段。
8. 将烤好的吐司切成适口的小块，与洋葱丝、芝麻菜、牛排块一起放入沙拉碗，浇上熬好的黑椒汁即可。

主料

吐司**2**片 / 牛排**1**块（约**100**g）/ 洋葱半个（约**50**g）/ 芝麻菜**50**g

辅料

大蒜**3**瓣 / 黄油**20**g / 盐**1**小撮 / 黑椒汁**20**g

参考热量

食材	吐司 2片	黄油 20g	牛肉 100g	芝麻菜 50g
热量	200千卡	176千卡	106千卡	25千卡
食材	黑椒汁 20g	洋葱 50g	合计	
热量	27千卡	20千卡	554千卡	

TIPS

1. 如果没有这种即食牛排，也可以用牛肉，切成小块。搭配超市调味品区贩售的黑椒汁即可。
2. 洋葱切起来很辣眼，可以将洋葱提前放入冰箱，会一定程度减轻切开时释放出的刺激气味。

营养贴士

牛肉不仅含有丰富的蛋白质，其氨基酸的构成也比猪肉更符合人体需求，可以补中益气、滋养脾胃、强筋健骨。

蒜香法棍牛肉沙拉

吃 得 饱，吃 得 好

30 分钟　中等

特色

低热量又具有饱腹感的牛肉，是增肌减脂的极佳食材。搭配烤得香脆的蒜香法棍和鲜艳爽口的蔬菜，谁说沙拉就一定清淡寡味？

参考热量

合计 **515** 千卡

市售的蔬菜切花器可以切出各种花朵形状，方便又好用。如果想省略此步骤也可以直接将胡萝卜竖切后再斜切成薄片。

主料

法棍 **50**g / 西芹 **100**g / 牛肉 **100**g / 胡萝卜 **50**g

辅料

黄油 **10**g / 大蒜 **3** 瓣 / 脱皮烘焙白芝麻 **5**g / 黑椒汁 **20**g / 料酒 **1** 茶匙 / 橄榄油 **15**ml / 盐少许

做法

1. 牛肉切成 1cm 左右的条，加入 1 茶匙料酒腌渍 10 分钟。
2. 烤箱 180℃预热，大蒜洗净、去皮，用压蒜器压成蒜泥。
3. 黄油用微波炉加热 10 秒钟化开成液体。
4. 将蒜泥倒进化好的黄油里，加少许盐，拌匀。
5. 法棍斜切成 1cm 左右的厚片（约 4 片），黄油蒜泥涂抹在切面上，再切成 1cm 宽的条，放入烤箱中上层烤 10 分钟左右。
6. 炒锅烧热后加橄榄油，放入腌好的牛肉条，炒熟后盛出备用。
7. 西芹洗净切片，胡萝卜洗净切片，刻成小花。
8. 将蒜香法棍条、牛肉条、西芹片、胡萝卜片放入沙拉碗中，浇上少许加热过的黑椒汁，撒上烘焙白芝麻即可。

鸡胸肉低热量高蛋白，是想减肥又嘴馋的人的必选食材。混着大蒜香气的法棍提供了碳水化合物，搭配生菜和番茄，吃得饱，吃得好，就是这么简单。

蒜香法棍
鸡胸沙拉
易得好食材，难求好味道
30 分钟
中等

做法

1. 烤箱 180℃预热，大蒜洗净去皮压泥。
2. 黄油用微波炉加热 10 秒钟化成液体。
3. 蒜泥倒进融化的黄油，加少许盐拌匀。
4. 法棍斜切成 1cm 左右的厚片（约 4 片），将黄油蒜泥均匀涂抹在斜切面上，放入烤箱中上层，烤 10 分钟左右。
5. 鸡胸肉切小块，煮至熟透，沥水。
6. 鸡胸肉剁成肉蓉，加入千岛酱拌匀。
7. 叶生菜洗净去根，切成细丝，圣女果洗净去蒂，对半切开。
8. 将生菜丝与鸡肉蓉拌匀，涂抹在烤好的蒜香法棍上，点缀上圣女果即可。

本菜所用沙拉酱：**千岛酱 023 页**

主料

法棍 **50**g / 鸡胸肉 **100**g / 叶生菜 **50**g / 圣女果 **2** 颗

辅料

黄油 **10**g / 大蒜 **3** 瓣 / 千岛酱 **30**g / 盐少许

参考热量

合计 **553** 千卡

鸡胸肉也可切成小块后放入微波炉，高火加热 **3** 分钟，即可熟透。

法棍黑椒鸡腿沙拉

何以解[illegible] 唯有鸡腿

30分钟　中等

这道沙拉最适合用剩余的法棍边角料来制作，简单扔进烤箱烤干水分，配上解馋的黑椒鸡腿肉和红红绿绿的甜椒，高强度的运动之后补充这么一份沙拉，瞬间扫清疲惫和饥饿。

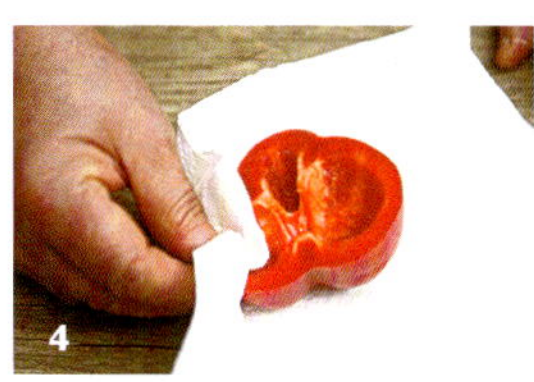

主料

法棍 **50**g / 去骨鸡腿肉 **100**g / 青甜椒 **50**g / 红甜椒 **50**g

辅料

黑椒汁 **20**g / 经典美乃滋 **20**g / 橄榄油 **15**ml / 料酒 **1** 茶匙

参考热量

食材	法棍 **50**g	去骨鸡腿肉 **100**g	甜椒 **100**g	黑椒汁 **20**g
热量	**174** 千卡	**181** 千卡	**25** 千卡	**27** 千卡
食材	经典美乃滋 **20**g	橄榄油 **15**ml	合计	
热量	**140** 千卡	**88** 千卡	**635** 千卡	

做法

1. 鸡腿剔去骨头，切成 2cm 见方的小块，加 1 茶匙料酒和 20g 黑椒汁腌渍 10 分钟左右。
2. 烤箱 210℃预热，烤盘用锡纸包好，淋橄榄油，将鸡腿肉入中层烤 15 分钟，中途拿出烤盘翻面一次。
3. 法棍斜切成 0.8cm 薄片，放入吐司机以中档烤好。
4. 甜椒去蒂去子，洗净，用厨房纸巾吸去多余水分。
5. 将洗好的甜椒掰成 2cm 见方的小块。
6. 取出烤好的黑椒鸡腿肉，和甜椒块一起放入沙拉碗。
7. 法棍切片，掰成适口小块，放入沙拉碗中，稍微拌匀。
8. 点缀上经典美乃滋即可。

TIPS

如果没有吐司机，可以将切好的法棍薄片放于烤网上，以 **150**℃左右的温度，放入烤箱中层烘烤 **10** 分钟左右即可达到相同效果。

营 养 贴 士

甜椒富含多种维生素、叶酸和钾，常食可以健胃、利尿、明目，提高人体免疫力和消化能力，并兼具防癌抗癌的功效。

本菜所用沙拉酱：经典美乃滋 022 页

蒜香法棍
金枪鱼沙拉

满　足　味　蕾，　星　级　享　受

20 分钟　　简单

特色

大蒜与法棍，金枪鱼泥与洋葱粒，是盛名在外的完美组合，以简单的食材做出最和谐的搭配，再点缀一片黑橄榄，米其林大厨就是你。

做法

1. 烤箱 180℃预热，大蒜洗净、去皮，用压蒜器压成蒜泥。
2. 黄油用微波炉加热 10 秒钟化成液体。
3. 将蒜泥倒进化好的黄油里，加少许盐，拌匀。
4. 法棍斜切成 1cm 左右的厚片（约 4 片），将黄油蒜泥均匀涂抹在斜切面上，放入烤箱中上层，烤 10 分钟左右。

5. 洋葱洗净去皮，用切碎机切成碎粒，加入少许盐拌匀。
6. 金枪鱼罐头打开后倒出多余汁水，用筷子捣碎，倒入洋葱粒中。
7. 加入玉米粒、经典美乃滋拌匀。
8. 黑橄榄切成个小圆圈，将拌好的金枪鱼沙拉堆在烤好的蒜香法棍上，点缀上黑橄榄片即可。

主料

法棍 **50**g / 水浸金枪鱼罐头 **80**g / 罐装玉米粒 **50**g / 洋葱 **50**g

辅料

去核黑橄榄 **1** 颗 / 经典美乃滋 **20**g / 黄油 **10**g / 大蒜 **3** 瓣 / 盐少许

参考热量

食材	法棍 **50**g	金枪鱼 **80**g	玉米粒 **50**g	洋葱 **50**g
热量	**174** 千卡	**80** 千卡	**50** 千卡	**20** 千卡
食材	黄油 **10**g	经典美乃滋 **20**g	合计	
热量	**88** 千卡	**140** 千卡	**552** 千卡	

TIPS

玉米粒也可以用速冻装的，使用时需要用开水烫 **1** 分钟，沥干水分晾凉后再拌入沙拉。

营 养 贴 士

大蒜不仅能为食物增添特殊的香气，还具有杀菌、抗癌、降血糖、预防糖尿病及心脑血管疾病等功效。

本菜所用沙拉酱：**经典美乃滋** 022 页

香煎法棍北极贝沙拉

来自东海的鲜美滋味

25分钟　中等

特色

法棍用吸取了洋葱精华的橄榄油煎得香喷喷的，配上口感异常鲜嫩且热量极低的北极贝，点缀颜色漂亮的紫甘蓝，口感均衡的创意沙拉就轻松做成了。

主料

法棍 **50**g / 紫甘蓝 **100**g / 洋葱 **20**g / 北极贝 **100**g

辅料

千岛酱 **30**g / 青芥辣 **5**g / 薄口酱油 **1** 茶匙 / 橄榄油 **15**ml

参考热量

合计 **527** 千卡

本菜所用沙拉酱：**千岛酱** 023 **页**

做法

1. 北极贝提前从冰箱取出，室温解冻。
2. 紫甘蓝洗净，切成极细的细丝，加入千岛酱拌匀。
3. 法棍斜切成 1cm 左右的薄片。
4. 洋葱洗净去皮，取 30g 左右放入切碎机切成碎粒。
5. 平底锅加热，倒入橄榄油，放入洋葱粒翻炒出香味。
6. 放入切好的法棍，小火煎至切面吸收油分并变得金黄。
7. 青芥辣和薄口酱油调匀备用。
8. 法棍上放上紫甘蓝沙拉及洋葱粒，北极贝蘸芥辣酱油点缀在上。

TIPS

1. 日式的薄口酱油是专门用于刺身及寿司类的调味酱油，口味比较清淡，如果购买不到可以用生抽代替。
2. 北极贝捕捞后第一时间在渔船上加工灼熟，并立即急冻，所以解冻后即可食用，无需再加热，否则影响鲜嫩的口感。

法棍培根芦笋沙拉

源自法兰西的传统美味

[illegible]分钟　简单

特色

培根和芦笋，既方便加工，又特别提升沙拉的格调，再加上一点点来自意大利的芝麻菜，这样一份“高级范儿”的沙拉即可轻松完成！

做法

1. 法棍斜切成 0.8cm 的薄片，放入吐司机中，中档烤好备用。
2. 芦笋洗净，切去老化的根部，斜切成薄片。
3. 淡盐水烧开后，放入切好的芦笋片，煮至沸腾后再煮 30 秒，捞出沥水。
4. 芝麻菜去根和老叶，洗净沥干水分，切段。
5. 不粘锅烧热，放入培根两面煎至熟透。
6. 将煎好的培根片切成两段。
7. 法棍上铺上两片培根，然后平铺芦笋片。
8. 放上芝麻菜，于最上端挤上塔塔酱即可。

主料

法棍 **50**g / 培根 **4** 片 / 芦笋 **100**g / 芝麻菜 **20**g

辅料

塔塔酱 **20**g / 盐少许

参考热量

合计 **530** 千卡

本菜所用沙拉酱：塔塔酱 024 页

TIPS

1. 市售的芦笋均有老化的根部未去除，要自行判断应切除多少，最简单的办法是以 1cm 为间距试切，老化部分切起来会有阻塞感，一直切到一刀下去感觉水嫩嫩没有阻力就可以了。
2. 用裱花袋装沙拉酱，再于前端剪开一个小口，即可挤出漂亮的沙拉酱条纹了。

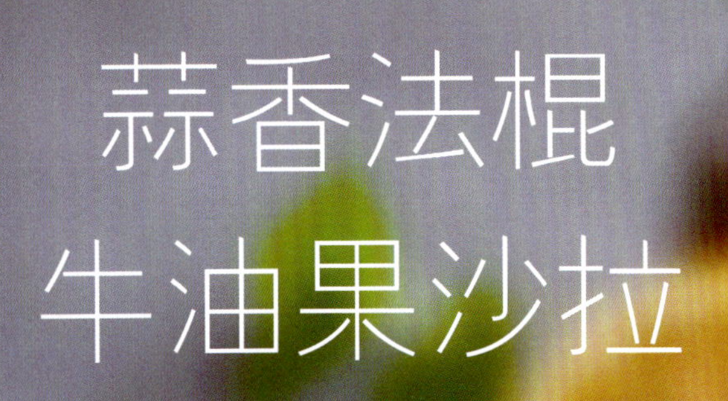

蒜香法棍牛油果沙拉

高 端 法 式 享 受

20 分钟　简单

特色

蒜香法棍是西餐厅的必备主食，制作起来非常简单，只需要点缀以切片牛油果和营养又小巧的鹌鹑蛋，颜值与营养兼具的沙拉就完成了！

做法

1. 烤箱 180℃预热，大蒜洗净、去皮，用压蒜器压成蒜泥。
2. 黄油用微波炉加热 10 秒钟化成液体。
3. 将蒜泥倒进化好的黄油里，加少许盐，拌匀。
4. 法棍斜切成 1cm 左右的厚片（约 4 片），将黄油蒜泥均匀涂抹在斜切面上。
5. 在每个涂抹好黄油蒜泥的法棍上打 2 个鹌鹑蛋，放入烤箱中上层，烤 10 分钟左右。
6. 牛油果沿中线切开，去除果核，用小刀划成薄片，用勺子紧贴果皮将牛油果取出。
7. 将牛油果薄片铺在烤好的法棍上。
8. 依个人口味，撒上少许现磨海盐和现磨黑胡椒即可。

主料

法棍 **50**g / 牛油果 **1/2** 个 / 鹌鹑蛋 **8** 个

辅料

黄油 **10**g / 大蒜 **3** 瓣 / 现磨海盐少许 / 现磨黑胡椒适量

参考热量

食材	法棍 **50**g	牛油果 **1/2** 个（约 **50**g）	鹌鹑蛋 **8** 个（约 **80**g）	黄油 **10**g	合计
热量	**174** 千卡	**80** 千卡	**128** 千卡	**88** 千卡	**470** 千卡

营养贴士

鹌鹑蛋富含蛋白质，所包含的氨基酸种类也非常齐全，还有高质量的多种磷脂，相较于鸡蛋，营养更全面，是天然的滋补品。

TIPS

如果牛油果的外皮是漂亮的墨绿色，其实是代表还未成熟。应该等到牛油果外皮呈现棕黑色，用手指轻捏表面可以轻易按下一个小坑才是成熟的表现。切开后的果肉柔软，呈现外绿内淡黄的色彩，吃起来也有如同黄油一般细腻柔滑的口感，所以才称之为“森林奶油”。如果吃起来硬邦邦的就是尚未成熟，需要再存放一些时日，如果果肉发黑，则是已经熟透腐烂，不可食用。剩余的半个牛油果很容易氧化，需要放在密封的保鲜盒或者保鲜袋内，置于冰箱，第二天务必食用完毕。

枫糖法棍水果沙拉

枫 叶 之 国 的 甜 美 气 息

25 分钟　简单

特色 枫糖浆的香气非常特别，经过它的装扮，稀松平常的法棍也变得香甜无比。配上丰盛的水果和综合坚果，特别馋甜品的时候不妨来上这样一餐。

主料

法棍 50g / 红心火龙果小半个（约 60g）/ 猕猴桃 1 个（约 60g）/ 香蕉 1 小根（约 65g）/ 综合坚果 35g

辅料

低脂酸奶酱 30g / 黄油 10g / 枫糖浆 10ml / 白砂糖（可选）少许

参考热量

食材	法棍 50g	红心火龙果 60g	猕猴桃 60g	香蕉 65g	综合坚果 35g
热量	174 千卡	36 千卡	35 千卡	60 千卡	163 千卡
食材	低脂酸奶酱 30g	黄油 10g	枫糖浆 10ml	合计	
热量	30 千卡	88 千卡	35 千卡	621 千卡	

做法

1. 烤箱 180℃预热，法棍斜切成 0.8cm 厚的薄片。
2. 黄油放入小碗，加入枫糖浆，用微波炉高火加热 20 秒钟，化成液体状。
3. 用毛刷或者硅胶刷在切好的法棍切面上刷一层黄油枫糖浆，依据个人喜好可撒上适量白砂糖，增加甜度，并且亮晶晶的看起来更好看。
4. 将刷好糖浆的法棍切成 1cm 见方的小块，注意保持有糖浆的一面朝上，放入烤箱中上层，烘烤 10 分钟左右。
5. 火龙果取出果肉，切成 1cm 见方的小块。
6. 猕猴桃去皮，切成 1cm 见方的小块。
7. 香蕉去皮，切成 0.5cm 左右的薄片。
8. 将水果块和烤好的枫糖法棍块一起放入沙拉碗，浇上低脂酸奶酱，撒上综合坚果即可。

TIPS

1. 目前市售的袋装综合坚果均按每日摄入量进行了单独分装，非常方便，可以直接选用。如果没有，可以根据自己的喜好，加入核桃仁、榛仁、腰果、巴旦木、蔓越莓干、蓝莓干、提子干等。
2. 果肉勺也是非常可爱和好用的工具，可以轻易将果肉挖成圆滚滚的球状，一大一小两头可以满足不同尺寸的需求。

营养贴士

加拿大的枫糖树含糖量极高，熬制的枫糖浆不仅香甜如蜜，风味独特，还富含多种矿物质，是极具特色的天然营养佳品。

本菜所用沙拉酱：低脂酸奶酱 026 页

特色

照烧沙拉汁配鸡腿，光是听听就让人口水忍不住，配上颜值系蔬菜荷兰豆和玉米笋，加上一点螺旋意面，控制热量的同时又可以大快朵颐。

主料

鸡腿 **1** 个（可食部分约 **100**g）/ 螺旋意面 **30**g / 胡萝卜 **50**g / 荷兰豆 **50**g / 玉米笋 **50**g

辅料

照烧沙拉汁 **50**g / 烘焙脱皮白芝麻 **5**g / 盐少许 / 橄榄油少许

参考热量

合计 **452** 千卡

做法

1. 鸡腿肉洗净，剔骨，切成小块。
2. 放入照烧沙拉汁中腌渍 1 小时左右。烤箱 180℃预热。
3. 将腌好的鸡腿铺在包好锡纸的烤盘上，中层，烤 15 分钟。
4. 出炉后撒上烘焙好的脱皮白芝麻，备用。
5. 将意面按照第 61 页的步骤 1~3 煮好，捞出备用。
6. 胡萝卜洗净切片。荷兰豆去蒂洗净切小块，玉米笋洗净。
7. 一起放入沸水中汆烫 1 分钟左右捞出，沥干水分备用。
8. 将意面、胡萝卜、荷兰豆、玉米笋放入沙拉碗，摆放上烤好的照烧鸡腿，将烤盘中剩余的照烧沙拉汁浇在沙拉上即可。

TIPS

1. 玉米笋选择新鲜的最好，如果没有，可以选择罐装的，沥去汁水即可直接使用。
2. 烘焙好的脱皮白芝麻在大型超市的杂粮区有售，如果是市场买来的未经烘焙的白芝麻，可以先用烤箱 **150**℃烤 **15** 分钟左右，或者用干锅小火炒 **3** 分钟。

本菜所用沙拉酱：照烧沙拉汁 028 页

白白嫩嫩的口蘑和烟熏味道的培根，简直是天生的一对。把它们做成沙拉，既能满足味蕾的享受，又能大大减少热量的摄入。

做法

1. 将意面按照第 61 页的步骤 1~3 煮好，捞出备用。
2. 口蘑去蒂，洗净掰小块；大蒜去皮，剁成碎末。
3. 炒锅烧热后加入橄榄油，放入蒜末爆香。
4. 放入口蘑块，中火翻炒 2 分钟后，加入少许盐和现磨黑胡椒。
5. 加约 50ml 开水，煮沸后转小火将汁水收干，关火备用。
6. 用平底锅将培根煎熟，晾凉后切成正方形的小块。
7. 球生菜洗净，切成与培根差不多大小的片状。
8. 将煮好的笔形意面、黑椒口蘑、切好的培根和生菜放入沙拉碗中，加入塔塔酱拌匀即可。

主料

鲜口蘑 **100**g / 培根 **4** 片 / 球生菜 **100**g / 笔形意面 **30**g

辅料

塔塔酱 **30**g / 橄榄油 **5**g / 大蒜 **2** 瓣 / 盐少许 / 现磨黑胡椒适量

参考热量

合计 **572** 千卡

本菜所用沙拉酱：塔塔酱 024 页

1. 购买口蘑时应尽量挑选颜色洁白、水嫩的，看起来越漂亮的口蘑越新鲜。
2. 笔形意大利面烹煮时间请务必参考包装盒上的指示操作。

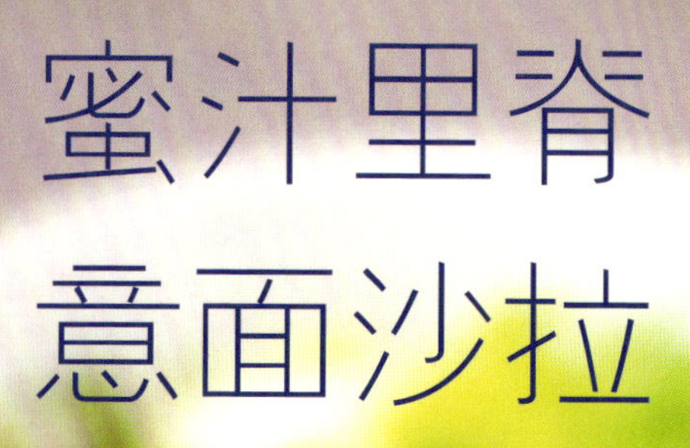

蜜汁里脊意面沙拉

迷之好味道，解馋有门道

60 分钟　高级

特色 减肥总有个懈怠期，特别嘴馋，那不妨试试这款沙拉吧！既能品尝美味的糖醋里脊，又不用担心热量超标，蝴蝶形的意面让心情都跟着美丽起来了。

主料

蝴蝶意面 **30**g / 里脊肉 **100**g / 青豌豆 **50**g / 苦苣 **50**g

辅料

蜂蜜 **25**g / 白砂糖、蚝油、老抽、料酒各 **10**g / 烘焙脱皮白芝麻 **5**g / 橄榄油、盐各少许

参考热量

食材	蝴蝶意面 30g	里脊肉 100g	青豌豆 50g	苦苣 50g
热量	108 千卡	155 千卡	56 千卡	15 千卡
食材	蜜汁酱料	脱皮白芝麻	合计	
热量	120 千卡	27 千卡	481 千卡	

1

2

3

4

5

6

7

8

做法

1. 将蜂蜜、白砂糖、蚝油、老抽和料酒一起混合调匀，加入 20ml 冷水，放入小锅中煮至白砂糖完全溶化，关火，冷却备用。
2. 里脊肉切成 1cm 左右的厚片，用肉锤敲打。
3. 烤箱 210℃预热，烤盘包好锡纸。
4. 将敲好的里脊肉平铺放入烤盘，浇上酱汁，再盖上一片锡纸，送入烤箱，将烤箱温度调至 200℃，烤 25 ~ 30 分钟。
5. 将意面按照第 61 页的步骤 1~3 煮好，捞出备用。
6. 青豌豆放入沸水中氽烫 1 分钟捞出备用。
7. 苦苣去根去老叶，洗净沥干水分备用。
8. 取出烤好的里脊肉，撒上烘焙脱皮白芝麻，切成适口的小块，与意面、青豌豆、苦苣一起放入沙拉碗中，将烤盘中剩余的蜜汁作为沙拉酱倒入，拌匀即可。

TIPS

如果没有肉锤，可以用刀背代替，将里脊肉敲松。这个步骤是为了使肉中的纤维断裂，从而烤出的肉质更加鲜嫩。

营养贴士

里脊肉是猪脊骨内侧的条状嫩肉，不仅肉质鲜嫩热量低，常食还能补肾养血、滋阴润燥、抑燥咳、止消渴。

黑椒牛肉意面沙拉

像吃大餐一样

40分钟

特色 谁说黑胡椒和牛肉这对完美搭档只能用于高热量的牛排大餐？以沙拉的形式来重新演绎，口味不变，热量降低，这大概就是沙拉的魅力。

主料

直身意面 **30**g / 牛肉 **100**g / 紫皮洋葱 **50**g / 速冻青豆 **50**g

辅料

橄榄油 **10**g / 盐少许 / 黑椒汁 **50**g / 料酒 **1** 茶匙

参考热量

食材	直身意面 30g	牛肉 100g	紫皮洋葱 50g	青豆 50g
热量	108 千卡	106 千卡	20 千卡	56 千卡
食材	橄榄油 10g	黑椒汁 50g	合计	
热量	88 千卡	56 千卡	434 千卡	

做法

1. 牛肉切成薄片，加入 1 茶匙料酒腌渍 10 分钟左右。
2. 将意面按照第 61 页的步骤 1~3 煮好，捞出备用。
3. 洋葱洗净去皮，切成细丝，撒少许盐腌渍备用。
4. 炒锅烧热后，倒入橄榄油，把腌渍好的牛肉倒入，大火翻炒。
5. 牛肉炒熟后，加入黑椒汁，翻炒片刻，关火备用。
6. 将速冻青豆放入沸水中汆烫 1 分钟，捞出沥干水分备用。
7. 将煮好的意面铺在盘底，中间留空，摆放上洋葱丝。
8. 将黑椒牛肉连汤汁浇在意面上，点缀上煮好的青豆即可。

营养贴士

洋葱含有的具有辛辣味的挥发物，能抗寒，抵御流感病毒，有较强的杀菌作用。洋葱还含有前列腺素 A，常食能扩张血管、降低血液黏稠度，降血压、预防血栓形成。

TIPS

1. 如果刚巧遇上新鲜豌豆的季节，可以用新鲜青豌豆代替速冻品，煮的时间也要略长一些，煮沸后再煮 **2** 分钟为宜。
2. 牛肉要切得尽量薄一些，可以先冷冻 **1** 小时后再切会比较好切。

秋葵鲜虾意面沙拉

小 小 一 盘， 元 气 满 满

30 分钟　简单

特色 充满元气的秋葵是绿色的，低热鲜嫩的大虾是粉色的，搭配杜兰小麦制成的意面和小巧的圣女果，你的心情是什么颜色的？

主料

螺旋意面 **30**g / 明虾肉 **100**g / 秋葵 **100**g / 圣女果 **50**g

辅料

法式芥末酱 **30**g / 盐适量 / 橄榄油少许

参考热量

食材	螺旋意面 30g	明虾肉 100g	秋葵 100g
热量	108 千卡	85 千卡	45 千卡
食材	圣女果 50g	法式芥末酱 30g	合计
热量	11 千卡	126 千卡	375 千卡

做法

1. 将一小锅水加入一小撮盐和几滴橄榄油，烧开。
2. 倒入意面，大火煮沸后转小火，煮 10 ~ 15 分钟。
3. 准备一小盆凉开水（或纯净水），将煮好的意面从锅中捞出，马上放入盆中浸泡备用。
4. 明虾去壳，挑去虾线，放入沸水中氽烫至水再次沸腾后迅速捞出备用。
5. 秋葵去蒂洗净，切成 0.5cm 厚的小片，撒少许盐备用。
6. 圣女果去蒂洗净，切成 4 瓣。
7. 将煮好的意面和秋葵加入法式芥末酱拌匀，铺在盘底。
8. 摆上煮好的明虾肉和切好的圣女果即可。

TIPS

在意面的外包装袋上均有烹饪时间指示，每一个品牌和种类的意面时间都有不同，一般位于包装袋正面或反面的下方，该指示时间是以水开后放入意面直到关火捞出的时间为准。

营养贴士

杜兰小麦是意大利法定的意面制作材料，它是最硬质的小麦品种，不仅密度和筋度高，其蛋白质含量也非常高。

本菜所用沙拉酱：法式芥末酱 025 页

意面扇贝沙拉

超低热量，鲜美无敌

70分钟　中等

特色 粉丝扇贝人人都不陌生，把它们与意面和芦笋、芝麻菜进行重新组合，烹饪的创新带来截然不同的味觉体验。

做法

1. 提前 1 小时将粉丝用冷水浸泡至完全软化备用。
2. 将意面按照第 61 页的步骤 1~3 煮好，捞出备用。
3. 将粉丝放入煮意面的水中，煮熟后捞出，沥干水分，切成 5cm 左右备用。
4. 芦笋洗净，切去老化的根部，以 15° 角斜切成薄片，用沸水氽烫 1 分钟后捞出备用。
5. 紫甘蓝洗净，切成细丝；芝麻菜洗净去根，撕开备用。
6. 扇贝肉洗净，沥干水分备用；大蒜洗净，拍松后去皮，剁成蒜蓉。
7. 炒锅烧热，倒入橄榄油，将蒜蓉放入爆香后再倒入扇贝，大火爆炒 1 分钟后加少许盐出锅。
8. 将意面、粉丝、芦笋、芝麻菜、紫甘蓝和扇贝肉一起放入沙拉碗中，加入意式油醋汁拌匀即可。

主料

弯通形意面 **30**g / 扇贝肉 **100**g / 芦笋 **50**g / 紫甘蓝 **50**g / 芝麻菜 **20**g / 粉丝 **20**g

辅料

意式油醋汁 **30**g / 橄榄油 **10**g / 盐少许 / 大蒜 **4** 瓣

参考热量

食材	弯通形意面 30g	扇贝肉 100g	芦笋 50g	紫甘蓝 50g	芝麻菜 20g
热量	108 千卡	60 千卡	11 千卡	12 千卡	5 千卡
食材	意式油醋汁 30g	粉丝 20g	橄榄油 10g	合计	
热量	50 千卡	68 千卡	88 千卡	402 千卡	

TIPS

扇贝肉在超市的冻品区和鲜品区均有销售，如果选购的是冷冻的扇贝肉，需要先室温解冻后再使用。

营养贴士

扇贝含有的一种特殊成分能够抑制胆固醇的合成并促进胆固醇排泄，从而起到降低胆固醇的作用。扇贝还富含不饱和脂肪酸，有健脑抗衰的作用。

本菜所用沙拉酱：意式油醋汁 027 页

茄汁龙利鱼意面沙拉

酸 香 开 胃 低 热 量

45 分钟　中等

特色

龙利鱼肉质鲜嫩，烹饪起来极为方便，用番茄汁来制作，吃起来特别开胃。红色的茄汁配上绿色的西蓝花，搭配弹牙的意大利面，没胃口时不妨试试这款沙拉吧！

主料

宽身意面 **30**g / 龙利鱼、番茄各 **200**g / 西蓝花 **100**g / 胡萝卜 **50**g

辅料

橄榄油 **10**g / 白砂糖 **5**g / 盐少许 / 香葱少许 / 生姜 **4** 片

参考热量

合计 **442** 千卡

做法

1. 龙利鱼提前解冻，切成 3cm 见方的小块，洗净沥水。
2. 姜片铺在盘底，摆上龙利鱼，放入已沸腾的蒸锅，蒸 8 分钟。
3. 将意面按照第 61 页的步骤 1~3 煮好，捞出备用。
4. 西蓝花洗净，分成小朵；胡萝卜切片后用蔬菜切模切成花形；分别放入烧开的淡盐水中汆烫 1 分钟后捞出沥水。
5. 番茄洗净，切去根蒂部老化部分，切成小块。
6. 炒锅烧热后加入橄榄油，倒入番茄块，加少许盐和白砂糖，中火翻炒至呈浓稠的番茄汤汁，仅余少量的番茄块即可。
7. 香葱洗净去根，选葱绿部分，切成尽量碎的葱花。
8. 将煮好的宽身意面缠绕铺在盘底，点缀上煮好的西蓝花和胡萝卜片，将蒸好的龙利鱼弃去姜片和汁水，仅取鱼肉铺在意面上，浇上熬好的番茄汁，最后撒上香葱即可。

TIPS

如果想更省事一些，也可以将龙利鱼放进微波炉，中火加热 **5** 分钟即可达到相同效果。

意面蟹棒沙拉

谁说蟹棒只能涮火锅

30分钟　简单

特色

墨鱼汁制作的意面，颜色和口味都很特别，佐以鲜香的蟹棒，再搭配各色蔬菜，创意沙拉的高手当起来很容易！

主料

墨鱼汁意面 **30**g / 蟹棒、西芹、圣女果各 **100**g / 叶生菜 **50**g

辅料

意式油醋汁 **50**g / 千岛酱 **20**g / 橄榄油、盐各少许

参考热量

合计 **456** 千卡

本菜所用沙拉酱：意式油醋汁 027 页
千岛酱 023 页

做法

1. 蟹棒提前 1 小时从冰箱拿出，撕去外层塑料包装，室温解冻。
2. 蟹棒入沸水中煮 1 分钟左右，捞出沥水，冷却后斜切成小段。
3. 将意面按照第 61 页的步骤 1~3 煮好，捞出备用。
4. 西芹去根去叶，以 15° 角斜切成 0.3cm 左右厚的片状。
5. 将西芹片放入煮沸的淡盐水中汆烫 1 分钟后捞出沥水。
6. 圣女果去蒂，洗净，对半切开。
7. 叶生菜去根，洗净，用厨房纸巾吸干多余水分，平铺在盘底。
8. 将煮好的墨鱼汁意面、蟹棒和西芹片在沙拉碗中混合好后，铺在生菜叶上，浇上意式油醋汁，然后摆放切好的圣女果，于最上方点缀适量千岛酱即可。

TIPS

墨鱼汁意面可以从进口超市或网络渠道购买到，煮制时需按照包装标示时间来烹饪。

咖喱馒头鸡胸沙拉

混 搭 风 格， 造 就 美 味

45分钟　中等

特色 想吃咖喱又怕热量高？那这款沙拉绝对值得你一试。东南亚风味的咖喱，搭配中国传统面食馒头，吃起来别有一番滋味。

主料

馒头 **50**g / 鸡胸肉 **100**g / 口蘑 **50**g / 荷兰豆 **100**g

辅料

橄榄油 **10**g / 咖喱粉适量 / 盐少许 / 料酒 **1** 茶匙 / 咖喱块 **15**g / 纯净水 **50**ml / 经典美乃滋 **10**g

参考热量

食材	馒头 **50**g	鸡胸肉 **100**g	口蘑 **50**g	荷兰豆 **100**g
热量	**112** 千卡	**133** 千卡	**22** 千卡	**32** 千卡
食材	橄榄油 **10**g	咖喱块 **15**g	经典美乃滋 **10**g	合计
热量	**88** 千卡	**81** 千卡	**70** 千卡	**538** 千卡

做法

1. 烤箱 150℃预热，馒头切成 0.5cm 的薄片。
2. 将馒头放在烤网上，用毛刷刷上薄薄一层橄榄油，均匀地撒上少许盐和咖喱粉，放入烤箱中层烤 15 分钟。
3. 鸡胸肉洗净，切成 2cm 左右的小块，加入 1 茶匙料酒拌匀。
4. 口蘑去蒂洗净，切成和鸡肉差不多大小的块。
5. 炒锅烧热，倒入剩余的橄榄油，将鸡块和口蘑倒入，中小火翻炒至全部熟透，出锅前撒少许盐。
6. 荷兰豆去蒂洗净，斜切成 1cm 左右，放入煮沸的淡盐水中氽烫 1 分钟捞出，沥干水分备用。
7. 将 50ml 纯净水烧开，转最小火，加入咖喱块，边搅拌边熬至呈酸奶状浓稠的咖喱汁，冷却后与经典美乃滋混合即成咖喱沙拉酱。
8. 将烤好的咖喱馒头片切或掰成适口的小块，与口蘑鸡肉块和荷兰豆一起放入沙拉碗中，浇上做好的咖喱沙拉酱即可。

营养贴士

口蘑味道鲜美，富含硒元素，常吃能够抗癌防衰老。口蘑还富含维生素 D，有助于预防骨质疏松。

TIPS

如果想再减少一些油脂的摄入，鸡胸肉和口蘑也可以用水煮的方式烹熟，或者放入烤箱，**200**℃中层烤 **20** 分钟左右即可。

本菜所用沙拉酱：经典美乃滋 022 页

香脆馒头培根沙拉

混 搭 风 格， 造 就 美 味

35 分钟　中等

吃剩的馒头，用烤箱简单加工就变得香香脆脆，配上烟熏口味的培根，爽口清热的蔬菜，再加上一枚鸡蛋来补充蛋白质，吃得营养又健康。

主料

馒头 **50**g / 培根 **4** 片 / 鸡蛋 **1** 个 / 秋葵 **50**g / 苦苣 **100**g

辅料

橄榄油 **10**g / 盐少许 / 现磨黑胡椒适量 / 经典美乃滋 **20**g

TIPS

1. 馒头片也可以放入吐司机烘烤，由于馒头比吐司较难烤熟，可以选择吐司机最高档位，根据个人喜好多烤几次，至馒头片变得金黄焦脆即可。
2. 烤好的馒头片立即用刀切（注意防止烫伤）很容易切开，稍凉一会儿就会变得整体酥脆。如果怕烫，可以在冷却后用手将馒头片随意掰碎也可。

做法

1. 烤箱 150℃预热，馒头切成 0.5cm 的薄片。
2. 将馒头放在烤网上，用毛刷刷上薄薄一层橄榄油，均匀地撒上少许盐，放入烤箱中层烤 15 分钟。
3. 鸡蛋煮熟，去壳，切成 8 瓣。
4. 秋葵去蒂，洗净，切成 0.5cm 厚的片。
5. 秋葵放入沸腾的淡盐水中汆烫 1 分钟后捞出沥水。
6. 苦苣洗净，去除老叶和根部，切成 3cm 左右的段。
7. 培根片用不粘平底锅煎熟，撒少许现磨黑胡椒出锅，晾凉后切成适口的小块。
8. 烤好的馒头片切成 1cm 左右的小块，与鸡蛋、秋葵、苦苣和培根放入沙拉碗，挤入经典美乃滋即可。

营养贴士

苦苣甘中带苦，颜色碧绿，口感清爽，具有抗菌、解热、消炎、明目功效，是清热去火的佳品。

参考热量

食材	馒头 50g	培根 4片	鸡蛋 1个	秋葵 50g	苦苣 100g	橄榄油 10g	经典美乃滋 20g	合计
热量	112 千卡	140 千卡	76 千卡	22 千卡	23 千卡	88 千卡	140 千卡	601 千卡

本菜所用沙拉酱：经典美乃滋 022 页

香蛋馒头火腿沙拉

剩馒头的华丽变身

30分钟 简单

特色

利用家中剩余的馒头，加一些购买方便的食材，简单烹饪一番，就是营养均衡又吃得饱的一餐，五颜六色的食材，看一眼就勾起了食欲。

主料

馒头 **50**g / 鸡蛋 **1** 个 / 无淀粉火腿 **50**g / 速冻玉米粒 **50**g / 速冻青豌豆 **50**g / 球生菜 **50**g

辅料

花生油 **10**g / 盐少许 / 经典美乃滋 **20**g / 肉松 **5**g

参考热量

合计 **616** 千卡

做法

1. 馒头 1 个，切成 1.5cm 左右的正方形小块。
2. 鸡蛋打散，加少许盐搅打均匀。不粘平底锅烧热，倒入少许花生油。
3. 将鸡蛋液倒入馒头块中，用筷子搅拌，使蛋液充分包裹。
4. 倒入烧热的平底不粘锅，边翻拌边中小火煎至金黄色盛出。
5. 用锅中余油将切好的火腿丁略煎后盛出。
6. 玉米粒和青豌豆入沸水中汆烫 1 分钟，捞出沥水。
7. 球生菜洗净，用手撕成小块。
8. 馒头、玉米粒、火腿、青豌豆和生菜一起挤上经典美乃滋，撒上肉松即可。

TIPS

新鲜的馒头特别软，不好切成小块，也会吸附过多的蛋液。建议使用在冰箱内储存一晚的馒头，更易操作。

本菜所用沙拉酱：**经典美乃滋 022 页**

金枪鱼虽是舶来品，但与中华传统的主食馒头搭配起来，别有一番风味。西芹与胡萝卜不仅让沙拉更加爽口，热量也超级低，你就尽管放开吃吧！

香脆馒头
金枪鱼沙拉
中 西 合 璧 的 魅 力
30分钟
中等

做法

1. 按照第69页的步骤1、2，将馒头烤脆。
2. 西芹去叶去根洗净，以30°角斜切成0.3cm左右薄片。
3. 西芹入煮沸的淡盐水中，汆烫1分钟，捞出沥水。
4. 胡萝卜洗净切0.3cm左右薄片，用模具切出花朵形状。
5. 圣女果去蒂洗净，对切成两半。
6. 金枪鱼沥去多余水分，用筷子捣碎。
7. 将烤好的香脆馒头切或掰成适口的小块。
8. 将所有材料放入沙拉碗中，加入经典美乃滋拌匀即可。

主料

水浸金枪鱼 **80**g / 西芹 **100**g / 馒头、胡萝卜、圣女果各 **50**g

辅料

橄榄油 **10**g / 盐少许 / 经典美乃滋 **20**g

参考热量

合计 **464** 千卡

TIPS

金枪鱼罐头应尽量选择水浸的，比起油浸金枪鱼热量要低得多，口感也更佳清爽，更加健康。

本菜所用沙拉酱：经典美乃滋 022 页

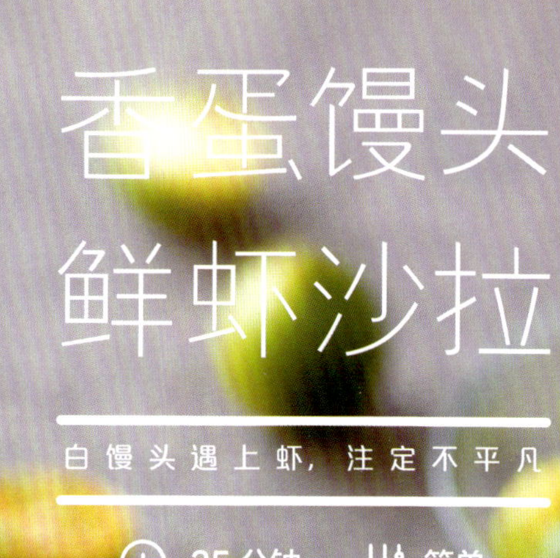

香蛋馒头鲜虾沙拉

白馒头遇上虾，注定不平凡

25 分钟　简单

用鸡蛋裹好，煎得金灿灿香喷喷，再平常不过的白馒头也变得让人口水直流。粉嫩弹牙的虾仁，绿油油的牛油果和芦笋，谁能想到这是以白馒头为基底制作的沙拉呢？

主料

馒头 **50**g / 鸡蛋 **1** 个 / 明虾 **100**g / 牛油果半个（约 **50**g）/ 芦笋 **100**g

辅料

花生油 **10**g / 盐少许 / 现磨黑胡椒适量 / 千岛酱 **30**g

参考热量

食材	馒头 50g	鸡蛋 1 个	明虾 100g	牛油果 50g
热量	112 千卡	76 千卡	85 千卡	80 千卡
食材	芦笋 100g	花生油 10g	千岛酱 30g	合计
热量	22 千卡	88 千卡	142 千卡	605 千卡

做法

1. 馒头 1 个，切成 0.8cm 左右的薄片。
2. 鸡蛋打散，加少许盐和 5ml 水搅打均匀。
3. 不粘平底锅烧热，倒入少许花生油。
4. 将馒头片放入鸡蛋液中，使蛋液充分包裹在馒头上，再放入烧热的平底不粘锅，用中小火煎至两面都变成金黄色。
5. 明虾去壳，挑去虾线，放入沸水中汆烫 1 分钟，捞出备用。
6. 芦笋切去老化的根部，以 10° 夹角斜切成片，放入沸水中汆烫 1 分钟，捞出备用。
7. 成熟的牛油果取一半果肉，加入少许盐和现磨黑胡椒，压成牛油果泥。
8. 在煎好的香蛋馒头片上，涂抹一层牛油果泥，摆放上芦笋片和明虾肉，挤上适量千岛酱即可。

TIPS

1. 牛油果的挑选参见第 **51** 页。
2. 除了白馒头，我们还可以选用全麦馒头、黑面馒头等来制作这道沙拉，风味不同，营养也更多元化。

营 养 贴 士

芦笋含有丰富的维生素 A、B 族维生素、叶酸以及硒、铁、锰、锌等矿物质，并含有人体所必需的多种氨基酸。

本菜所用沙拉酱：**千岛酱** 023 **页**

隔夜酸奶燕麦杯

网 红 爆 款 的 非 凡 魅 力

10分钟　简单

特色

一夜之间风靡全球的隔夜酸奶燕麦杯，火起来不是没有它的道理：制作方便，取材简单，还能根据个人口味随意调整，晚上顺手做好一杯，第二天一早取出就能食用，这样的好食物谁会错过呢？

做法

1. 准备一个容量在350ml左右的透明玻璃杯，洗净，用厨房纸巾擦干水分。
2. 用厨房秤称取定量的燕麦片，备用。
3. 红心火龙果挖出果肉，切成小粒。
4. 猕猴桃洗净去皮，去除中间的硬心，切成小粒。
5. 在杯底撒1/3量的燕麦片，倒入1/3量的酸奶。
6. 继续撒上1/3量的燕麦片，然后轻轻撒入切好的红心火龙果粒。
7. 再倒入1/3量的酸奶，撒上剩余的燕麦片，轻轻撒入切好的猕猴桃粒。
8. 倒入剩余的酸奶，放入冰箱冷藏室过夜，第二天早晨取出后，于顶端放上几片新鲜采摘的薄荷叶即可。

主料

即食免煮燕麦片 **30**g / 红心火龙果 **50**g / 猕猴桃 **50**g / 原味酸奶 **200**g

辅料

新鲜薄荷嫩叶

参考热量

食材	即食免煮燕麦片 **30**g	红心火龙果 **50**g	猕猴桃 **50**g	原味酸奶 **200**g	合计
热量	**117** 千卡	**30** 千卡	**30** 千卡	**186** 千卡	**363** 千卡

TIPS

1. 水果可以任意替换为自己喜欢的：草莓、蓝莓、黄桃……
2. 放置水果的时候可以将水果切成薄片，先贴在杯壁上，再进行后续操作，一份兼具营养和小清新气质的高颜值早餐就是这么简单！

营养贴士

燕麦中的β-葡聚糖，具有降血脂，降血糖的功效。燕麦片中还富含膳食纤维，可令人长时间保持饱腹感，有助减肥瘦身。

低脂脆燕麦水果沙拉

极　简　法　则　成　就　美　味

10 分钟　简单

即食型的脆燕麦是经过特殊工艺加工而成的，口感香脆，极具饱腹感，热量却不高，配上各式水果和低脂香甜的酸奶，再点缀一些香酥的坚果，满满一碗都是健康的维生素和不饱和脂肪酸。

主料

脆粒型即食麦片 **30**g / 洋梨 **100**g / 香蕉 **100**g / 原味酸奶 **200**g

辅料

混合坚果 **25**g / 柠檬汁少许

做法

1. 香蕉去皮，切成 0.5cm 厚的片。
2. 洋梨洗净，去皮去核，切成边长 1cm 左右的小块。
3. 将切好的香蕉和洋梨放入沙拉碗，挤上少许柠檬汁，减缓氧化。
4. 加入脆燕麦。
5. 倒入酸奶。
6. 撒上混合坚果即可。

参考热量

食材	脆燕麦 **30**g	洋梨 **100**g	香蕉 **100**g	原味酸奶 **200**g	混合坚果 **25**g	合计
热量	**107** 千卡	**50** 千卡	**93** 千卡	**186** 千卡	**126** 千卡	**562** 千卡

TIPS

市售脆粒型燕麦分为两种：一种是纯燕麦经特殊工艺干燥脆化，热量低，但口感较单一；另外一种是混合了各种水果干和坚果的，口感较好但热量较高，使用后者时可以免去混合坚果以减少总的热量摄入。

营养贴士

洋梨原产欧洲，营养价值极高，具有润肺化痰、生津止咳等功效。香蕉则具有清肠胃、治便秘、止烦渴、填精髓、解酒毒等功效。

煮燕麦全素沙拉

食材虽简素，营养不简单

35 分钟　中等

仅用燕麦搭配各色蔬菜，点缀以健康的橄榄油，虽然是全素，却口感丰富，营养均衡，也能吃得饱，吃得好。

主料

农家燕麦片 **30**g / 胡萝卜 **50**g / 西葫芦 **100**g / 速冻玉米粒 **100**g

辅料

橄榄油 **10**g / 意式油醋汁 **20**g / 现磨黑胡椒少许 / 盐少许

参考热量

合计 **388** 千卡

做法

1. 将农家燕麦片洗净，提前用清水浸泡 2 小时。
2. 将泡好的燕麦片放入沸水中，小火熬煮 15 分钟左右，捞出，沥干水分备用。
3. 胡萝卜洗净，切成 1cm 左右的小丁。
4. 西葫芦洗净，切去顶端，切成 1.5cm 左右的小丁。
5. 锅中烧热橄榄油，放入胡萝卜丁，小火翻炒 1 分钟左右。
6. 加入西葫芦，中火翻炒 1 分钟，撒少许盐和现磨黑胡椒，关火。
7. 速冻玉米粒放入开水中煮 1 分钟左右，捞出沥干水分。
8. 将煮好的燕麦片、玉米粒，和炒好的蔬菜一起放入沙拉碗，加入意式油醋汁即可。

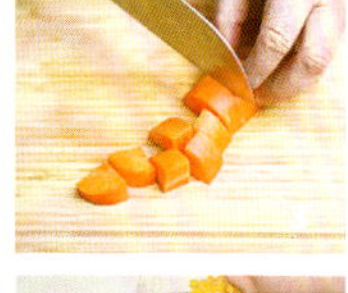

TIPS

1. 全素沙拉中的蔬菜可换成自己喜欢的其他蔬菜，以块茎类和菌菇类为佳。
2. 蔬菜的处理方式除了油炒之外，也可以采用清煮的方式，口感虽然会略逊一筹，但是热量会降低约 **100** 千卡。

本菜所用沙拉酱：**意式油醋汁** 027 **页**

特色

原香原味的燕麦，虽然需要烹煮，但是也避免了一切额外的热量，配上粉嫩嫩的虾仁，充满朝气的芦笋，非常健康，热量极低。

煮燕麦鲜虾沙拉

还原食材本身的味道

30 分钟 简单

做法

1. 将农家燕麦片洗净，用清水浸泡 2 小时。
2. 将泡好的燕麦片放入沸水中，小火熬煮 15 分钟左右，捞出，沥干水分备用。
3. 明虾去壳，挑出虾线，洗净。
4. 芦笋洗净，去除老化的根部，以 15° 角斜切成 1cm 的片。
5. 将剥好的虾仁放入沸水中煮 1 分钟，捞出，沥干水分备用。
6. 将切好的芦笋放入煮沸的淡盐水中，汆烫 1 分钟，捞出，沥干水分备用。
7. 鸡蛋煮熟，过凉水后剥壳，切成小块。
8. 将煮好的燕麦、虾仁、芦笋和鸡蛋，放入沙拉碗中，加入千岛酱即可。

本菜所用沙拉酱：千岛酱 023 页

主料

农家燕麦片 **30**g / 明虾 **100**g（可食部分）/ 芦笋 **100**g / 鸡蛋 **1** 个

辅料

千岛酱 **30**g

参考热量

合计 **438** 千卡

TIPS

农家燕麦片都是纯生燕麦，仅经过碾压成形，所以需要较久的烹煮时间。
如果没有提前浸泡，用压力锅煮 **10** 分钟也可达到同样口感。

煮燕麦照烧墨鱼仔沙拉

日式风味，可爱又营养

50分钟　中等

特色

香喷喷的燕麦，搭配可爱营养的墨鱼仔，用浓郁却热量不高的照烧汁来提味，这样一份日式风情的美味沙拉，可以尽情地敞开吃。

主料

农家燕麦 **30**g / 墨鱼仔 **100**g / 西芹 **100**g / 番茄 **50**g

辅料

叶生菜若干片 / 照烧沙拉汁 **50**g / 烘焙脱皮白芝麻 **5**g / 盐少许

参考热量

合计 **339** 千卡

做法

1. 将墨鱼仔去除内脏，洗净，沥干水分。
2. 墨鱼仔用照烧汁腌渍 15 分钟左右，同时 200℃预热烤箱。
3. 将墨鱼仔连同照烧汁放入烤盘，覆锡纸烤 20 分钟左右。
4. 墨鱼仔上撒上白芝麻，晾凉后切成适口大小，照烧汁留用。
5. 农家燕麦片洗净，入沸水小火熬煮 20 分钟左右，捞出沥水。
6. 西芹洗净，去叶去根，斜切成 1cm 左右的段，放入煮沸的淡盐水中汆烫 1 分钟，捞出沥干水分备用。
7. 番茄洗净去蒂，切成扇形的小块。
8. 在盘底铺上洗净的生菜叶，将煮好的燕麦和西芹放入沙拉碗中拌匀，然后倒入盘中，点缀上切好的番茄和烤好的墨鱼仔，倒上余下的照烧沙拉汁即可。

TIPS

墨鱼仔也可以替换为新鲜或冷冻的鱿鱼，味道同样鲜美，注意不要使用泡发复水的鱿鱼，会影响口感。

本菜所用沙拉酱：照烧沙拉汁 028 页

特色　鲜美的金枪鱼泥，咸香的烤海苔，脆嫩的胡萝卜丝，有了它们，平淡的煮燕麦也变得丰盛起来。

燕麦海苔金枪鱼沙拉

合理搭配，减脂不受罪

35分钟　简单

做法

1. 将农家燕麦片洗净，放入沸水小火熬煮20分钟左右，捞出，沥干水分备用。
2. 金枪鱼罐头沥出汁水，鱼肉用勺子捣碎。
3. 烤海苔用剪刀剪成细条。
4. 胡萝卜洗净，用刨丝器刨成细丝，放入纯净水中浸泡备用。
5. 芝麻菜去根去老叶，洗净，撕开后切成3cm左右的段。
6. 秋葵洗净去蒂，放入煮沸的淡盐水中汆烫1分钟，捞出晾凉切成0.5cm厚的片。
7. 将燕麦和秋葵拌匀，放入盘中铺平。
8. 将金枪鱼和胡萝卜丝以及芝麻菜放入沙拉碗，加经典美乃滋拌匀后倒在秋葵燕麦上，点缀少许海苔丝。

本菜所用沙拉酱：经典美乃滋 022 页

主料

农家燕麦 **30**g / 水浸金枪鱼 **80**g / 即食烤海苔 **10**g / 胡萝卜 **50**g / 芝麻菜 **30**g / 秋葵 **50**g

辅料

经典美乃滋 **20**g / 盐少许

参考热量

合计 **421** 千卡

TIPS

秋葵最有营养的就是它黏黏的汁液，所以烫秋葵时千万不能切开汆烫，以防营养流失。正确的操作方法是整棵烫熟后再进行切分。

糙米鸡胸胡萝卜沙拉

减 脂 健 身 全 优 搭 配

45分钟 中等

特色

减脂不增肥的糙米和蛋白质满满的鸡胸肉，大概是增肌减脂人群最爱的搭配了吧？简单搭配几样蔬菜，就是非常丰盛的一顿大餐。

主料

糙米 100g / 鸡胸肉 100g / 胡萝卜 50g / 荷兰豆 50g / 新鲜香菇 50g

辅料

橄榄油 10g / 盐少许 / 现磨黑胡椒适量 / 蚝油 20g / 料酒 1 汤匙

参考热量

食材	熟糙米饭 100g	鸡胸肉 100g	胡萝卜 50g	荷兰豆 50g
热量	111 千卡	133 千卡	18 千卡	11 千卡
食材	新鲜香菇 50g	橄榄油 10g	蚝油 20g	合计
热量	13 千卡	88 千卡	23 千卡	397 千卡

做法

1. 糙米淘洗干净，提前浸泡 2 小时。
2. 放入电饭锅，加 2 倍水，蒸熟。
3. 鸡胸肉洗净，切成小块，加入 1 汤匙料酒，腌渍 15 分钟左右。
4. 香菇去蒂，洗净，掰成小块。
5. 炒锅烧热，加橄榄油，将腌渍好的鸡胸肉块和香菇块倒入，中火翻炒 2 分钟。
6. 加少许盐、现磨黑胡椒和蚝油，再加入少许清水，大火收汁。
7. 胡萝卜洗净，去根，切丁；荷兰豆洗净，去根，切成小段，放入煮沸的淡盐水中氽烫 1 分钟，捞出沥干水分备用。取 100g 糙米饭盛出，摊开晾凉。
8. 将糙米饭、胡萝卜丁、荷兰豆放入沙拉碗内拌匀，浇上香菇鸡胸即可。

TIPS

1. 如果使用的是干香菇，要提前 2 小时左右用清水泡发。
2. 如果不喜欢香菇的味道，也可以替换为杏鲍菇、洋葱等自己喜爱的蔬菜。

营养贴士

与普通精致白米相比，糙米的维生素、矿物质与膳食纤维的含量都更加丰富，是非常健康的绿色食品。

糙米金枪鱼沙拉

无需节食 也能减脂

45分钟 简单

特色

金枪鱼泥鲜美无比，加入玉米和洋葱粒，口感瞬间变得富有层次。配上颗颗弹牙的糙米，饱腹又不长肉哦。

主料

糙米 **100**g / 水浸金枪鱼 **80**g / 速冻玉米粒 **100**g / 黄瓜 **100**g / 苦苣 **50**g / 洋葱粒 **50**g

辅料

经典美乃滋 **20**g / 盐少许

参考热量

合计 **499** 千卡

做法

1. 糙米淘洗干净，提前浸泡 2 小时。
2. 放入电饭锅，加 2 倍水，蒸熟。
3. 洋葱粒撒少许盐腌渍片刻。
4. 水浸金枪鱼罐头沥去多余汁水，取出鱼肉，用勺子捣碎后加入洋葱粒和经典美乃滋，拌匀成金枪鱼洋葱泥。
5. 玉米粒汆烫 1 分钟，捞出沥水；100g 糙米饭摊开晾凉。
6. 黄瓜洗净，去头去尾，切成 3cm 左右长的细丝。
7. 苦苣洗净，去除老叶和根部，撕开后切成 3cm 左右。
8. 将糙米饭、黄瓜丝、苦苣和玉米粒放入沙拉碗，加入调制好的金枪鱼洋葱泥拌匀即可。

TIPS

清洗黄瓜时一定要注意，最好用蔬果专用的清洗剂，再用小毛刷（软毛牙刷也可以）轻刷表面，才能彻底去除农药残留。

本菜所用沙拉酱：**经典美乃滋** 022 **页**

特色

蒸熟的糙米饭颗颗弹牙，搭配同样弹牙的蟹棒，还有圆滚滚的青豆，食材简单，口感却不一般。

做法

1. 糙米淘洗干净，提前浸泡 2 小时。
2. 放入电饭锅，加 2 倍水，蒸熟。
3. 蟹棒放入沸水中汆烫 1 分钟，捞出沥干水分。
4. 将汆烫好的蟹棒切成 1cm 左右的段。
5. 速冻青豌豆用凉水冲洗掉冰壳，放入沸水中，小火煮 3 分钟，捞出沥干水分备用。
6. 将蒸好的糙米饭盛出 100g，摊开晾凉。
7. 球生菜洗净去根，切成细丝。
8. 将熟糙米饭、蟹棒、青豌豆和生菜丝放入沙拉碗中拌匀，挤上法式芥末酱即可。

主料

糙米 **100**g / 蟹棒 **100**g / 球生菜 **100**g / 速冻青豌豆 **30**g

辅料

法式芥末酱 **30**g

参考热量

合计 **505** 千卡

TIPS

蟹棒本身就是熟制产品，切忌不可煮得过久，不然会散开难以切段，且影响口感。

本菜所用沙拉酱：法式芥末酱 025 页

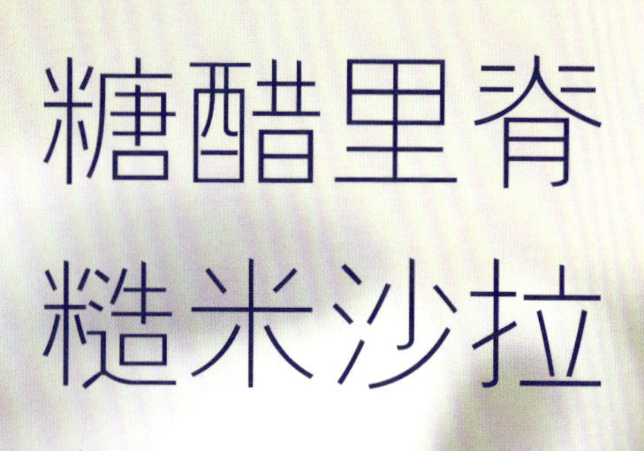

糖醋里脊糙米沙拉

偶 尔 也 放 纵 一 下 吧

50分钟　高级

特色 把高热量的糖醋里脊做成沙拉，搭配健康的糙米和蔬菜，特别解馋，也特别适合减脂平台期时食用。

做法

1. 糙米淘洗干净，提前浸泡 2 小时后，放入电饭锅，加 2 倍水，蒸熟。
2. 里脊切成小块，加 1 茶匙料酒，腌渍片刻。
3. 莲藕去头，削皮，切成与里脊同样大小的块，放入沸水中，中小火煮 3 分钟捞出，沥干水分备用。
4. 圆白菜洗净，切成细丝。盛出 100g 糙米饭，摊开晾凉。
5. 将面粉和鸡蛋加少许盐调成蛋糊，将切好的里脊块放入，裹满蛋糊。
6. 花生油烧至七成热，放入裹好蛋糊的里脊块，小火炸至金黄色捞出，用厨房纸巾吸去多余的油分，备用。
7. 将糖醋汁倒入烧热的炒锅，熬到浓稠即可关火。放入炸好的里脊和煮好的藕丁，翻匀后撒上少许烘焙脱皮白芝麻。
8. 在糙米饭上铺满圆白菜丝，再将糖醋里脊藕丁倒在最上层，挤上经典美乃滋即可。

主料

糙米 **100**g / 里脊肉 **100**g / 莲藕 **100**g / 圆白菜 **50**g

辅料

花生油 **500**g（实用 **20**g 左右）/ 面粉 **30**g / 鸡蛋 **1** 个 / 经典美乃滋 **20**g / 糖醋汁 **1** 份 / 料酒 **1** 茶匙 / 盐少许 / 烘焙脱皮白芝麻少许

参考热量

食材	熟糙米饭 100g	里脊肉 100g	莲藕 100g	圆白菜 50g	花生油 20g
热量	111 千卡	155 千卡	36 千卡	12 千卡	176 千卡
食材	面粉 30g	鸡蛋 1 个	经典美乃滋 20g	糖醋汁 1 份	合计
热量	105 千卡	76 千卡	140 千卡	105 千卡	916 千卡

TIPS

1. 里脊肉可以提前放入冷冻室半小时左右，会更加好切。
2. 没有莲藕的季节，可以替换为其他自己喜欢的蔬菜，例如洋葱、西芹、土豆等。

营养贴士

莲藕的营养价值很高，富含铁、钙等矿物质，植物蛋白质、维生素以及淀粉含量也很丰富，有明显的补益气血，增强人体免疫力的作用。

本菜所用沙拉酱：经典美乃滋 022 页
糖醋汁 029 页

糙米培根沙拉

平 衡 膳 食， 健 康 满 分

45分钟　中等

特色 西蓝花和糙米，是非常营养又低热量的食材。解馋但热量稍高的培根和它们搭配在一起，无论是总的热量摄入还是味蕾的满足，都得到了平衡。

主料

糙米 100g / 培根 4 片 / 西蓝花 100g / 圣女果 50g

辅料

盐少许 / 千岛酱 30g / 现磨黑胡椒适量

参考热量

食材	熟糙米饭 100g	培根 4片	西蓝花 100g
热量	111 千卡	140 千卡	36 千卡
食材	圣女果 50g	千岛酱 30g	合计
热量	23 千卡	142 千卡	452 千卡

做法

1. 糙米淘洗干净，提前浸泡 2 小时。
2. 放入电饭锅，加 2 倍水，蒸熟。
3. 不粘平底锅烧热，放入培根，煎至两面熟透，撒上适量的现磨黑胡椒，盛出晾凉。
4. 将晾凉的培根沿短边切成 1cm 左右的小块。盛出 100g 糙米饭，摊开晾凉。

5. 西蓝花分割成适口的小朵，用淡盐水浸泡 10分钟左右。
6. 淡盐水煮沸，将切好的西蓝花放入锅中氽烫 1 分钟后捞出，沥干水分备用。
7. 圣女果去蒂洗净，切成 4 瓣。
8. 将糙米饭、培根、西蓝花拌匀，撒上切好的圣女果，挤上千岛酱即可。

TIPS

糙米饭可以一次多蒸一些，分成每餐的食用量，用保鲜袋包好放入冰箱保存，食用时提前取出，恢复室温即可。

营养贴士

来自地中海东部沿岸的西蓝花，富含维生素 C，能提高人体免疫功能，促进肝脏解毒。西蓝花还富含类黄酮，类黄酮能够阻止胆固醇氧化，减少心脏病与中风的危险。

本菜所用沙拉酱：千岛酱 023 页

藜麦
北极贝沙拉
古 印 加 遇 上 北 海 道
25分钟
简单

藜麦与北极贝，光是这个搭配听起来就高贵冷艳，简单搭配两样蔬菜，非常方便就能制作出一份健康的沙拉，就算加上拍照发朋友圈，也不到半小时就可以完成呢！

主料

藜麦 **50**g / 北极贝 **100**g / 西葫芦 **100**g / 芝麻菜 **50**g

辅料

法式芥末酱 **30**g / 橄榄油少许 / 盐少许

TIPS

煮藜麦时，一定要在水中加入盐和橄榄油，这样煮出的藜麦口感清爽，味道更佳。同时，加过盐的水用来汆烫蔬菜，会使蔬菜的颜色更加鲜艳。

做法

1. 北极贝提前从冰箱拿出，自然解冻，用凉的纯净水冲洗一遍。
2. 小锅加 500ml 水、几滴橄榄油和少许盐，煮沸。
3. 藜麦洗净沥干，放入沸水中，小火煮 15 分钟。
4. 将煮好的藜麦捞出，沥干水分，放入沙拉碗中备用。
5. 西葫芦洗净去头尾，从中间剖开，再切成半圆形的薄片。
6. 切好的西葫芦放入煮过藜麦的沸水中，汆烫 1 分钟，捞出沥干水分备用。
7. 芝麻菜去除根部和老叶，洗净，撕开，切成 3cm 左右的段。
8. 将北极贝、西葫芦片和芝麻菜放入煮好的藜麦中，浇上法式芥末酱，拌匀即可。

营养贴士

藜麦原产于南美洲安第斯山脉，是印加土著居民的传统食物，古印加人称之为“粮食之母”。20 世纪 80 年代被美国国家航空航天局用于宇航员的太空食品，是联合国粮农组织认定的唯一一种单体植物即可满足人体基本需求的食物。

参考热量

食材	藜麦 50g	北极贝 100g	西葫芦 100g	芝麻菜 50g	法式芥末酱 30g	合计
热量	184 千卡	90 千卡	19 千卡	15 千卡	126 千卡	434 千卡

本菜所用沙拉酱：法式芥末酱 025 页

藜麦
三文鱼沙拉

高 端 不 高 冷， 养 眼 又 美 味

25 分钟　简单

特色 藜麦、三文鱼与牛油果，堪称健身人群的三大圣食，价格虽高，但是营养也极高，颜值更是不在话下。

做法

1. 小锅加500ml水、几滴橄榄油和少许盐，煮沸。
2. 藜麦洗净沥干，放入沸水中，小火煮15分钟。
3. 将煮好的藜麦捞出，沥干水分，放入沙拉碗中备用。
4. 叶生菜去除根部和老叶，淘洗干净，沥去多余水分，撕成适口的小块。
5. 牛油果对半切开，去除果核，用勺子挖出一半的果肉，切成1cm左右的小丁。
6. 在切好的牛油果丁上撒少许的盐和现磨黑胡椒。
7. 三文鱼也切成与牛油果相同大小的丁，挤上几滴新鲜的柠檬汁拌匀。
8. 将煮好的藜麦与牛油果、三文鱼丁和生菜一起放入沙拉碗拌匀，挤上法式芥末酱即可。

主料

藜麦 **50**g / 三文鱼 **100**g / 牛油果 **80**g / 叶生菜 **50**g

辅料

法式芥末酱 **30**g / 现磨黑胡椒适量 / 盐少许 / 橄榄油少许 / 新鲜柠檬汁几滴

参考热量

食材	藜麦 50g	三文鱼 100g	牛油果 80g
热量	184千卡	139千卡	64千卡
食材	叶生菜 50g	法式芥末酱 30g	合计
热量	17千卡	126千卡	530千卡

TIPS

三文鱼肉质鲜嫩，切的时候切忌以下压的方式来操作，而是应当选用锋利的厨师刀以来回划动的手法切分，类似于“锯”的动作。

营 养 贴 士

三文鱼中含有丰富的不饱和脂肪酸，能够降低血脂和胆固醇，预防心血管疾病，并能健脑益智，预防老年痴呆和脑功能退化。

本菜所用沙拉酱：法式芥末酱 025 页

藜麦芦笋全素沙拉

素 食 更 要 吃 得 精 致

30 分钟　简单

特色 虽然全素，但是仅藜麦一种食材就可以满足人体的多种营养需求，更别提还加上多种健康的蔬菜了，能让你的身体充满能量！

主料

藜麦 **50**g / 芦笋 **100**g / 西蓝花 **100**g / 胡萝卜 **50**g / 速冻玉米粒 **50**g / 番茄 **50**g

辅料

盐少许 / 橄榄油少许 / 千岛酱 **30**g

参考热量

食材	藜麦 50g	芦笋 100g	西蓝花 100g	胡萝卜 50g
热量	184 千卡	22 千卡	36 千卡	18 千卡
食材	速冻玉米粒 50g	番茄 50g	千岛酱 30g	合计
热量	59 千卡	10 千卡	142 千卡	471 千卡

做法

1. 小锅加 500ml 水、几滴橄榄油和少许盐，煮沸；藜麦洗净沥干，放入沸水中，小火煮 15 分钟。
2. 将煮好的藜麦捞出，沥干水分，放入沙拉碗中备用。
3. 芦笋洗净，切去老化的根部，斜切成 2cm 左右的段。
4. 西蓝花洗净，去梗，切分成适口的小朵。
5. 速冻玉米粒用冷水冲去浮冰，沥干水分。
6. 胡萝卜洗净去根，切成薄片后再用蔬菜切模切出花朵状。
7. 将芦笋、西蓝花、速冻玉米粒和胡萝卜片一起放入煮沸的淡盐水中，煮至水再次沸腾即可关火，捞出食材沥干水分，晾凉。
8. 番茄去蒂洗净，切成小块，与汆烫过的蔬菜一起放入装有藜麦的沙拉碗中，翻拌均匀，挤上千岛酱即可。

TIPS

这道沙拉的食材不拘一格，但因为是全素沙拉，食材的处理应尽量以汆烫为主，能够使口感更加清爽。你可随喜好，加入各种菌菇和可以直接生食的食材。

营养贴士

胡萝卜富含胡萝卜素、维生素、花青素、钙、铁等营养成分，经常食用可以有效降低胆固醇，预防心脏疾病和肿瘤。

本菜所用沙拉酱：千岛酱 023 页

藜麦
烤鸡胸沙拉

大口吃肉，照样减肥

60 分钟　高级

特色

口感脆弹的藜麦，香嫩多汁的烤鸡胸，白嫩鲜香的口蘑，充满春意的芦笋，这样健康又美丽的搭配，怎么能错过？

主料

藜麦 **50**g / 鸡胸肉 **100**g / 口蘑 **100**g / 芦笋 **100**g

辅料

橄榄油 **10**g / 盐少许 / 料酒 **1** 茶匙 / 现磨黑胡椒适量 / 经典美乃滋 **20**g

参考热量

合计 **611** 千卡

做法

1. 将鸡胸肉整块洗净沥干多余水分，切成小块，用 1 茶匙料酒腌渍片刻；口蘑去蒂洗净，掰成小块。烤箱预热到 210℃。
2. 用锡纸将烤盘包好，撒上橄榄油，放入腌渍好的鸡胸肉和口蘑，用筷子翻一下，使两面都沾有橄榄油，然后撒上适量的现磨黑胡椒，送入烤箱中层，以 210℃烤约 10 分钟。
3. 取出烤盘，用筷子将鸡肉翻面，加入口蘑再撒上适量的现磨黑胡椒，继续烘烤 5 ~ 8 分钟，烤好后立即撒上少许盐，打开烤箱门冷却备用。
4. 小锅加500ml水、几滴橄榄油和少许盐，煮沸，藜麦洗净沥干，放入沸水中，小火煮 15 分钟。
5. 将煮好的藜麦捞出，沥干水分，放入沙拉碗中备用。
6. 芦笋洗净，去除老化的根部，斜切成 2cm 的段，放入煮过藜麦的沸水中氽烫 1 分钟后捞出，沥干水分。
7. 待烤熟的鸡胸肉稍微冷却后，用刀切成 0.5cm 的片。
8. 将煮好的藜麦、芦笋，加入烤好的口蘑一起拌匀，再将切好的鸡胸肉整齐地摆放在上面，挤适量的经典美乃滋装饰即可。

TIPS

也可以事先将鸡胸肉切成小块，再进行后续的操作，这样烘烤时间可以缩短至 **20** 分钟即可。

本菜所用沙拉酱：**经典美乃滋** 022 **页**

特色 营养超级全面的藜麦，和“增肌之王”牛肉，配上脆生生的洋葱和健康的秋葵，解馋饱腹又没有热量负担。

做法

1. 将牛肉洗净，放入加过料酒的沸水中，大火煮 3 分钟后捞出，沥去多余水分。
2. 另起一锅，加入八角、花椒、葱段和干山楂片，煮沸后将汆烫过的牛肉放入，以最小火慢炖 1 小时后，加少许盐和生抽，继续炖 15 分钟左右。
3. 捞出牛肉，晾凉后切成 1cm 见方的块。
4. 小锅加 500ml 水、几滴橄榄油和少许盐，煮沸；藜麦洗净沥干，放入沸水中，小火煮 15 分钟。
5. 捞出藜麦，沥干水分，放入沙拉碗中。
6. 洋葱去皮去根，切成小块，加少许盐腌渍片刻。
7. 秋葵洗净，放入煮过藜麦的水中汆烫 1 分钟后捞出，切去根部，然后切成 1cm 的段。
8. 将牛肉丁、洋葱丁和秋葵丁一起放入装有藜麦的沙拉碗中，挤上经典美乃滋即可。

藜麦牛肉
洋葱沙拉
增肌期不可错过的美味
90 分钟
高级

本菜所用沙拉酱：经典美乃滋 022 页

主料

藜麦 **50**g / 牛肉 **100**g / 洋葱 **100**g / 秋葵 **100**g

辅料

盐少许 / 橄榄油少许 / 料酒适量 / 干山楂片少许 / 八角 **3** 颗 / 花椒 **3**g / 葱段适量 / 生抽 **1** 茶匙 / 经典美乃滋 **20**g

参考热量

合计 **515** 千卡

TIPS

煮牛肉时间较久，建议一次多煮一些，煮好晾凉后，按每次食用分量切分并用保鲜袋包好放入冷冻室，以便下次使用。

如果使用压力锅来煮牛肉，大概压 **20** 分钟左右即可。

你也可以选择市售已经卤制好的酱牛肉来制作这道沙拉。

第　二　章

缤纷搭配的主食沙拉

魔鬼土豆沙拉

天使般的外表，魔鬼般的诱惑

40 分钟　简单

特色

当平凡的土豆，遇上牛奶和黑胡椒，再加进满满的蔬菜和肉粒，普普通通的食材却能碰撞出魔鬼般诱惑的口感，让人一口接一口停不下来。

主料

土豆 **150**g / 无淀粉火腿 **100**g / 速冻玉米粒 **50**g / 黄瓜 **50**g

辅料

牛奶 **30**ml / 盐少许 / 现磨黑胡椒适量 / 经典美乃滋 **20**g / 叶生菜几片

参考热量

合计 **494** 千卡

TIPS

1. 碾压土豆泥可以用戴手套的手，或者勺背，还有一种市售专门的土豆压泥器，使用起来也很方便。
2. 牛奶的用量要根据土豆泥的状态适量添加，达到可以搓成团，不开裂、不塌陷即可。

本菜所用沙拉酱：经典美乃滋 022 页

做法

1. 土豆洗净，去皮，对半切开。
2. 将切好的土豆煮至熟透（用筷子可轻易插入）。
3. 将土豆碾成泥，加入牛奶和少许盐、适量的现磨黑胡椒，拌匀。
4. 无淀粉火腿去除包装，切成碎粒。
5. 速冻玉米粒解冻后放入沸水中汆烫 1 分钟，捞出沥干水分。
6. 黄瓜清洗干净，去头尾，切成与火腿相同大小的碎丁。
7. 将火腿丁、玉米粒和黄瓜丁放入土豆泥中拌匀，搓成小圆球。
8. 生菜叶洗净，用厨房纸巾吸去多余水分，铺在盘底，将土豆沙拉球摆放在上面，挤上经典美乃滋即可。

培根土豆沙拉卷

换个装，大不同

40分钟　中等

特色

谁说沙拉就是一个大碗拌一拌这样随意？还是那些食材，换个手法，就变得极富创意。款待客人时做上这样一份沙拉来做头盘，一定会让客人惊艳无比！

主料

土豆 **150**g / 培根 **8** 片 / 长豇豆 **50**g / 紫甘蓝 **50**g / 芝麻菜 **20**g

辅料

经典美乃滋 **20**g / 牛奶 **30**ml / 盐少许 / 现磨黑胡椒适量

参考热量

食材	土豆 150g	培根 8片	长豇豆 50g	紫甘蓝 50g
热量	116 千卡	280 千卡	16 千卡	13 千卡
食材	芝麻菜 20g	牛奶 30ml	经典美乃滋 20g	合计
热量	5 千卡	16 千卡	140 千卡	586 千卡

TIPS

长豇豆虽然也是豆角，但它不同于芸豆，需要彻底熟透才能吃，而是可以生食的品种。脆脆的口感别有一番风味。需要注意的是农药残留较严重，最好用蔬果专用去农残的清洁产品彻底清洁再食用。

做法

1. 长豇豆洗净，去头尾，切成 4cm 左右的段，加少许盐，用手揉搓一下，腌渍片刻。
2. 土豆洗净，去皮，对半切开。
3. 将切好的土豆放入烧开的沸水中，煮至熟透（用筷子可轻易插入）。
4. 将煮好的土豆碾压成土豆泥，加入牛奶和少许盐、适量的现磨黑胡椒，搅拌均匀成土豆泥。
5. 培根放入不粘平底锅，煎至两面熟透，盛出备用。
6. 紫甘蓝洗净，切去根部后切成 4cm 左右长的细丝。
7. 芝麻菜洗净，去除根部和老叶，撕开，切成 4cm 左右长。
8. 取一片培根，放入 1 勺土豆泥、2 根长豇豆、少许紫甘蓝丝和芝麻菜，挤上少许经典美乃滋，卷起，用牙签固定即可。

营养贴士

原产于南美洲安第斯山脉的土豆，有着悠久的食用历史，是极佳的碳水化合物来源，它的蛋白质含有 18 种氨基酸，包括人体所必需又不能合成的氨基酸种类。并且还含有非常丰富的维生素，对人体健康极为有益。

本菜所用沙拉酱：经典美乃滋 022 页

香煎鸡胸土豆沙拉

煎出来的喷香滋味

35分钟　中等

没有烤箱，鸡胸一样可以做到香嫩多汁。少许橄榄油并不会增加太多热量，却能增加香气，并提供合理的油脂摄入。

主料

土豆 **150**g / 鸡胸肉 **100**g / 西芹 **100**g / 圣女果 **50**g

辅料

橄榄油 **5**g + **10**g / 料酒 **1** 茶匙 / 现磨黑胡椒适量 / 盐少许 / 千岛酱 **30**g

参考热量

食材	土豆 150g	鸡胸肉 100g	西芹 100g	圣女果 50g
热量	116 千卡	133 千卡	16 千卡	23 千卡
食材	橄榄油 15g	千岛酱 30g	合计	
热量	132 千卡	142 千卡	562 千卡	

做法

1. 将鸡胸肉从侧面切开，切成薄薄的两片，加 1 茶匙料酒腌渍片刻。
2. 烤箱预热至 180℃，土豆洗净，去皮，滚刀切成适口的不规则土豆块。
3. 将切好的土豆上放入深碗中，加入 5g 橄榄油和少许盐、适量的黑胡椒，晃匀。
4. 烤盘铺好锡纸，将土豆块倒入，放入烤箱中上层烤 20 分钟。
5. 不粘锅烧热，倒入 10g 橄榄油，将腌渍好的鸡胸肉放入，煎至两面略微金黄，撒少许盐和现磨黑胡椒出锅，放凉后沿短边切成 1cm 宽的条状。
6. 西芹去叶去根，斜切成 1cm 宽，放入煮沸的淡盐水中汆烫 1 分钟后捞出，沥干水分。
7. 圣女果去蒂洗净，对半切开。
8. 将烤好的土豆块、煎好的鸡胸和西芹、圣女果一起放入沙拉碗中拌匀，挤上千岛酱调味即可。

TIPS

切好的土豆块也可以放入保鲜袋中，再加入橄榄油和黑胡椒、盐，扎紧袋口摇匀。

营养贴士

鸡胸肉肉质细嫩，味道鲜美，含有丰富的蛋白质，且极易消化吸收，同时脂肪含量很低，是可常吃的健康肉食。

本菜所用沙拉酱：千岛酱 023 页

金枪鱼土豆沙拉

简约的做法，精致的美味

20 分钟　简单

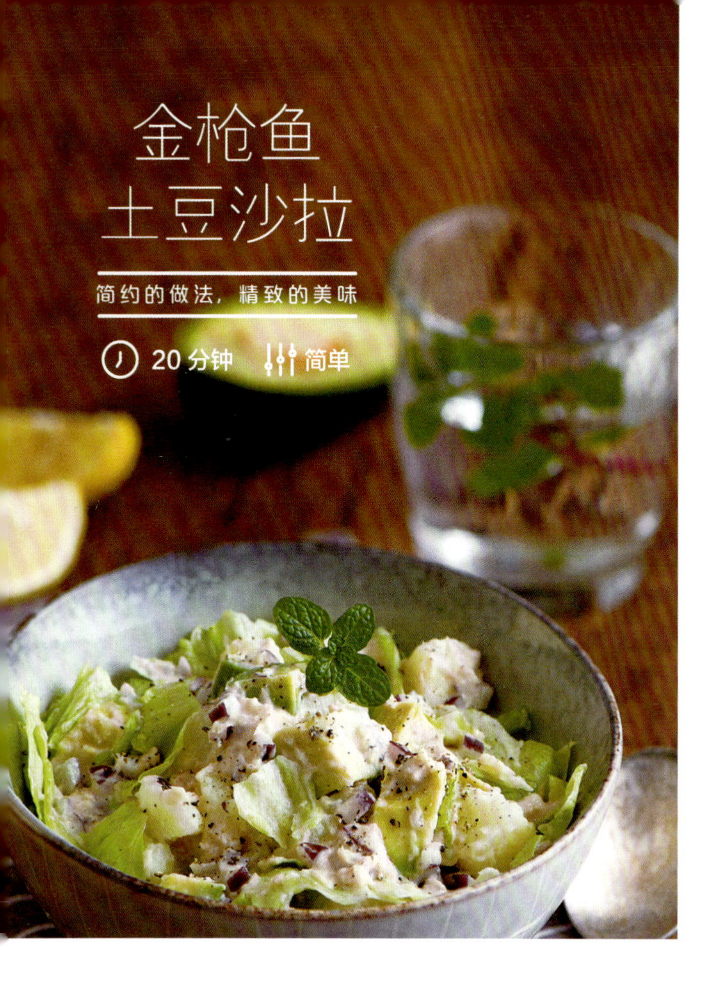

特色

朴素的土豆块，配上鲜香的金枪鱼和有“森林奶油”之称的牛油果，颜值和味道瞬间得到提升，满足营养需求的同时，热量也非常低。

主料

土豆 **150**g / 水浸金枪鱼 **80**g / 洋葱 **20**g / 球生菜 **50**g / 牛油果 **80**g

辅料

盐少许 / 现磨黑胡椒适量 / 经典美乃滋 **20**g

参考热量

合计 **424** 千卡

做法

1. 土豆洗净，去皮，切成 1.5cm 左右的小块。
2. 土豆放入煮沸的淡盐水中煮熟，沥水。
3. 洋葱去皮去根，用切碎机切成碎粒。
4. 金枪鱼沥去多余汁水，用筷子捣碎。
5. 将洋葱粒和金枪鱼混合，加入经典美乃滋拌匀。
6. 牛油果对半切开，去除果核，用勺子挖出果肉，切成与土豆同等大小的块状，撒少许盐和现磨黑胡椒拌匀。
7. 球生菜洗净去根，撕成适口的小块。
8. 将土豆块、牛油果、生菜放入沙拉碗中，加入拌好的洋葱金枪鱼泥，翻拌均匀即可。

TIPS

判断土豆块是否完全煮熟，只需要捞出一块仔细观察，内部没有白心，全部变成半透明状即可。

本菜所用沙拉酱：**经典美乃滋** 022 **页**

特色

谁说素食不好吃？只要食材够丰富，调味够香浓，全素一样能吃得满足。

主料

土豆 **150**g / 荷兰豆、杏鲍菇各 **100**g / 胡萝卜 **50**g / 西蓝花 **50**g

辅料

盐少许 / 橄榄油 **10**g / 大蒜 **4** 瓣 / 腰果 **10**g / 花生油 **100**g（实用 **5**g）/ 千岛酱 **30**g

参考热量

合计 **549** 千卡

本菜所用沙拉酱：千岛酱 023 页

蒜香土豆全素沙拉

大蒜带出满盘鲜

35 分钟　中等

做法

1. 炒锅内放入 100g 花生油，烧至五成热后放入腰果，小火炸至金黄色捞出，用厨房纸巾吸去多余油分。
2. 土豆洗净去皮，切成半圆形的薄片。
3. 大蒜洗净拍松后去皮，剁成蒜蓉。
4. 不粘平底锅烧热后加入橄榄油，倒入蒜蓉爆香。
5. 倒入土豆片，炒熟后盛出备用。
6. 荷兰豆去头去尾，斜切成 1cm 左右宽；胡萝卜洗净去根，切成半圆形薄片；杏鲍菇洗净去根，切成半圆形的薄片，约是胡萝卜片的两倍厚；西蓝花去梗，切分成适口的小朵。
7. 将步骤 6 中的所有蔬菜放入煮沸的淡盐水中，汆烫 2 分钟左右捞出，沥干水分。
8. 将步骤 7 烫好的蔬菜和蒜香土豆片拌匀，撒上炸好的腰果，淋上千岛酱即可。

TIPS

以小火炸制坚果，能避免因为油温太高导致的外煳内生，从而炸出通体酥脆的口感。

嫩南瓜煎培根沙拉

满 盘 金 黄， 心 情 灿 烂

50分钟　简单

特色 南瓜不是只能用来做粥，选用具有脆嫩口感的嫩南瓜，搭配烟熏味的培根，还有清爽的苦苣，再点缀几颗香酥的核桃仁，极富创意的搭配，给沙拉平添许多色彩。

做法

1. 核桃仁洗去浮尘，用厨房纸巾吸干水分。
2. 烤箱预热至150℃，将核桃仁平摊在烤盘上，放入烤箱中层，烘烤30分钟。
3. 南瓜洗净，去蒂，切成小棱，再切成薄片。
4. 将切好的南瓜片放入煮沸的淡盐水中，氽烫至水再次沸腾，捞出沥干水分，晾凉备用。
5. 培根放入平底不粘锅，煎至两面熟透，撒上适量的现磨黑胡椒。
6. 将煎好的培根沿短边切成1cm宽的小块。
7. 苦苣洗净，去根，去除老叶，撕开后切成3cm长的段。
8. 将嫩南瓜片、培根、苦苣放入沙拉碗拌匀，撒上烤好的核桃仁，淋上意式油醋汁，再撒上奶酪粉即可。

主料

嫩南瓜 **200**g / 培根 **4** 片 / 苦苣 **50**g / 核桃仁 **20**g

辅料

盐少许 / 现磨黑胡椒适量 / 意式油醋汁 **30**g / 奶酪粉 **10**g

参考热量

食材	南瓜 200g	培根 4片	苦苣 50g	核桃仁 20g
热量	46 千卡	140 千卡	15 千卡	129 千卡
食材	意式油醋汁 30g	奶酪粉 10g	合计	
热量	50 千卡	49 千卡	429 千卡	

TIPS

1. 秋季是南瓜收获的季节，市售的南瓜分为嫩南瓜和老南瓜两种。特别嫩的南瓜口感清脆，无子，不用去皮，食用方便之余，还有难得的好味道。
2. 烤熟的核桃仁相较生核桃仁，更具坚果香气，可以一次多烘烤一些，晾凉后放入密封罐储存，无论当零食单吃还是入馔都很方便营养。

营养贴士

南瓜中含有南瓜多糖、类胡萝卜素、果胶、矿物质及多种氨基酸，能够促进人体新陈代谢，提高人体免疫力，抗癌、降胆固醇、明目、促进骨骼发育。

本菜所用沙拉酱：意式油醋汁 027 页

烤南瓜牛肉沙拉

全方位满足你的嘴巴和胃

40分钟　中等

南瓜经过焗烤，外香里嫩，佐以爆炒的黑椒牛肉，加上爽口的西蓝花来平衡口感和营养，吃起来特别满足，热量却极低。

主料

南瓜 **200**g / 牛肉 **100**g / 洋葱 **50**g / 西蓝花 **50**g / 胡萝卜 **50**g

辅料

料酒 **1** 茶匙 / 橄榄油 **10**g / 盐少许 / 现磨黑胡椒适量 / 黑椒汁 **30**g

参考热量

食材	南瓜 200g	牛肉 100g	洋葱 50g	西蓝花 50g
热量	46 千卡	106 千卡	20 千卡	18 千卡
食材	胡萝卜 50g	橄榄油 10g	黑椒汁 30g	合计
热量	18 千卡	88 千卡	40 千卡	336 千卡

做法

1. 烤箱 180℃预热；南瓜洗净，切成小块，撒上少许盐和现磨黑胡椒。
2. 将南瓜放入烤盘中，送入烤箱中层，以 180℃烘烤约 25 分钟。牛肉洗净，切成 1.5cm 左右的小块，用料酒腌渍 5 分钟。
3. 洋葱洗净、去皮、去根，切成 2cm 左右的小块。
4. 炒锅烧热，加入橄榄油，将洋葱放入，爆炒 1 分钟后盛出，不要关火。
5. 放入腌渍好的牛肉，加入适量的现磨黑胡椒，中火翻炒 2 分钟左右，至牛肉熟透。
6. 西蓝花去梗，切分成适口的小朵，放入淡盐水中浸泡洗净，沥去水分；胡萝卜洗净、去根，先竖着对切后再斜切成薄片。
7. 将西蓝花和胡萝卜放入煮沸的淡盐水中，氽烫 1 分钟后捞出，沥干水分。
8. 将烤好的南瓜、炒好的洋葱和牛肉，以及西蓝花和胡萝卜一起放入沙拉碗中，淋上黑椒汁即可。

TIPS

这道菜的南瓜可以根据个人口味，选取嫩南瓜或糯南瓜，口感不同，但都很和谐。

营养贴士

不要小瞧黑胡椒这个调味品，它不仅可以用来调味，还能驱风、健胃，对胃寒所致的胃腹冷痛、肠鸣腹泻有很好的缓解作用，并能治疗风寒感冒，是美味又具食疗功效的调味品。

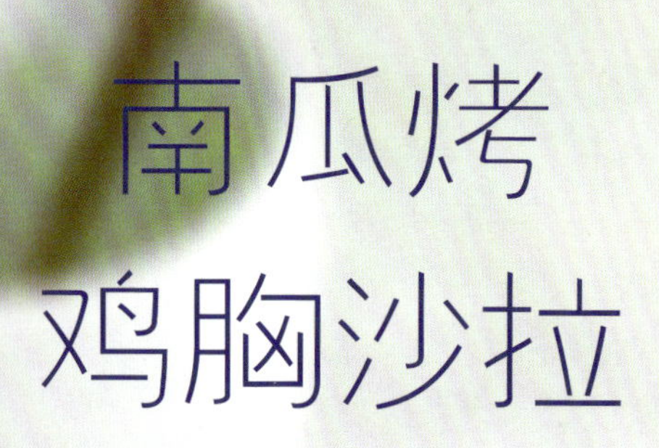

南瓜烤鸡胸沙拉

绚 丽 色 彩 点 亮 餐 桌

60 分钟　高级

甜甜的烤南瓜，橄榄油滋润过的烤鸡胸，配上五彩斑斓的蔬菜，色香味俱全，营养美味的同时，又不会让热量超标。

做法

1. 南瓜洗净，切成小块，放入盘中平铺；蒸锅烧开后放入南瓜，中火蒸15分钟左右，用筷子可轻易插透即可；关火，晾凉备用。
2. 烤箱200℃预热；鸡胸肉洗净，加少许料酒腌渍片刻；烤盘包裹锡纸，倒入橄榄油。
3. 鸡胸肉放入烤盘，翻面，使两面都沾有橄榄油，撒上适量现磨黑胡椒，放入烤箱中层，烘烤15分钟左右。
4. 取出鸡胸肉，用筷子辅助翻面（注意戴隔热手套避免烫伤），在另一面也撒上适量的现磨黑胡椒，继续烘烤15分钟左右。打开烤箱检查，用筷子插入后没有血水即为熟透。趁热撒上少许盐，晾凉备用。
5. 荷兰豆洗净，去根，斜切成1cm左右宽的薄片，放入煮沸的淡盐水中氽烫1分钟后捞出，沥干水分备用。
6. 圆白菜洗净切细丝；番茄去蒂洗净，切半圆形薄片。
7. 将晾凉的鸡胸肉切成适口的小块。
8. 将蒸熟的南瓜、鸡胸肉与荷兰豆、圆白菜和番茄一起放入沙拉碗中，挤上千岛酱装饰调味即可。

1

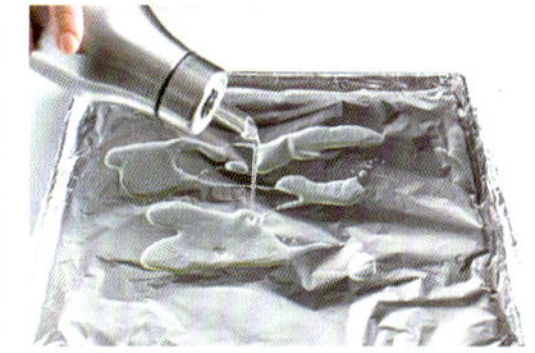
2

3

4

5

6

7

8

主料

糯南瓜 **200**g / 鸡胸肉 **100**g / 荷兰豆 **50**g / 圆白菜 **50**g / 番茄 **50**g

辅料

料酒 **1** 茶匙 / 盐少许 / 橄榄油 **10**g / 现磨黑胡椒适量 / 千岛酱 **30**g

参考热量

食材	南瓜 200g	鸡胸肉 100g	荷兰豆 50g	圆白菜 50g
热量	46 千卡	133 千卡	16 千卡	12 千卡
食材	番茄 50g	橄榄油 10g	千岛酱 30g	合计
热量	10 千卡	88 千卡	142 千卡	447 千卡

TIPS

鸡胸肉整块烘烤后再切开，虽然费时，但是能最大限度保持鸡肉中的水分不流失，口感才会更好。

营养贴士

荷兰豆能益脾和胃、生津止渴，对脾胃虚弱、小腹胀满、烦热口渴等均有食疗功效。

本菜所用沙拉酱：千岛酱 023 页

嫩南瓜鲜虾沙拉

尽享甜美的气息

20 分钟　简单

特色

香甜鲜美的嫩南瓜，与口感同样鲜嫩的虾仁，搭配色彩丰富的蔬菜和香脆的腰果，仿佛把整个春天都装进了餐盘中。

主料

嫩南瓜 **200**g / 明虾 **100**g / 西芹 **100**g / 紫甘蓝 **50**g / 松子仁 **20**g

辅料

盐少许 / 千岛酱 **30**g

参考热量

合计 **446** 千卡

TIPS

如果购买不到明虾，市售的河虾、基围虾都可以，也可以买速冻的虾仁来代替。

做法

1. 松子仁洗净，用厨房纸巾吸干水分。烤箱预热 150℃。
2. 松子仁平摊在烤盘上，放入烤箱中层，烘烤 5 分钟。
3. 南瓜洗净，去蒂，切成小棱，再切成薄片。
4. 南瓜片放入煮沸的淡盐水中，汆烫至水再次沸腾，捞出沥水。
5. 西芹去叶、去除根部，斜切成 0.5cm 的片，放入煮南瓜的水中汆烫 1 分钟后捞出，沥干水分备用。
6. 明虾去头、去壳、挑去虾线，洗净，放入沸水中汆烫 1 分钟后捞出，沥干水分备用。
7. 紫甘蓝洗净，切成细丝。
8. 将南瓜、虾仁、西芹和紫甘蓝放入沙拉碗中，浇上千岛酱拌匀，撒上烤好的松子仁即可。

本菜所用沙拉酱：千岛酱 023 页

特色 成熟的南瓜口感甜甜糯糯，配上奶香浓郁的马苏里拉奶酪，与来自意大利的芝麻菜互相碰撞，口感新奇而又和谐。

主料

糯南瓜 **200**g / 速冻玉米粒 **50**g / 马苏里拉奶酪 **50**g / 香肠 **50**g / 芝麻菜 **50**g

辅料

经典美乃滋 **20**g / 盐少许 / 现磨黑胡椒适量

参考热量

合计 **567** 千卡

TIPS

1. 南瓜并无“脆、糯”的品种之分，只是成熟程度不同而已。购买时向店家咨询，以符合相应的烹饪及口感需求。
2. 南瓜皮也极富营养，只要洗净就可以食用。如果实在不喜欢南瓜皮的口感，可以先去皮后再进行下一步操作。

做法

1. 烤箱 180℃预热；南瓜洗净、去子，切成小块。
2. 南瓜放入烤盘，撒上切碎的马苏里拉奶酪，入烤箱中层以 180℃烘烤 25 分钟左右。
3. 玉米粒入沸水中氽烫 1 分钟，捞出沥水。
4. 将香肠切成比玉米粒略大的小粒。
5. 芝麻菜洗净，去根、去老叶，撕开后切成 3cm 左右的段。
6. 将玉米粒、香肠粒、芝麻菜放入沙拉碗中，加少许盐和适量的现磨黑胡椒拌匀。
7. 戴好隔热手套，取出烤好的奶酪糯南瓜，置于隔热垫上，稍凉 2 分钟，将步骤 6 拌好的沙拉倒在上面。
8. 挤上经典美乃滋装饰并调味即可。

本菜所用沙拉酱：经典美乃滋 022 页

紫薯花生沙拉球

香 香 甜 甜， 颜 值 爆 表

30 分钟　中等

特色 小姐妹们的聚会，总是要有茶点相伴，试试这款紫薯制作的漂亮沙拉，好吃又简单，还能收获姐妹们成堆的赞叹呢。

做法

1. 紫薯洗净外皮的泥土，用餐巾纸包裹一层，并将餐巾纸打湿。
2. 将包裹好的紫薯放入微波炉，高火加热 6 分钟。
3. 取出紫薯，撕去餐巾纸，并用筷子从中间捣开散热。
4. 冷却后的紫薯撕去外皮，只取果肉，加入牛奶，拌匀成可以捏成球不开裂的状态即可。

5. 取约 25g 的紫薯泥，在手掌上团成球，压扁，放上 1 茶匙花生酱。
6. 将紫薯泥像包包子一样捏起，收口，轻轻地滚圆。
7. 将紫薯花生团放在沙拉盘中，在最上方点缀一颗榛子。
8. 浇上低脂酸奶酱后，再点缀上新鲜的薄荷叶子即可。

主料

紫薯 **150**g / 花生酱 **50**g / 榛子仁 **6** 颗

辅料

牛奶 **30**ml / 低脂酸奶酱 **50**g / 新鲜薄荷叶几片

参考热量

食材	紫薯 **150**g	花生酱 **50**g	榛子仁 **6** 颗（约 **10**g）
热量	**105** 千卡	**300** 千卡	**61** 千卡
食材	牛奶 **30**ml	低脂酸奶酱 **50**g	合计
热量	**16** 千卡	**44** 千卡	**526** 千卡

TIPS

市售花生酱分为“柔滑型”和“颗粒型”两种，可以依据个人口味选择。

营养贴士

以花生为材料制作的花生酱，不仅口感细腻，香浓无比，还具有健脾胃、补元气、润肺化痰、止血生乳等功效。

本菜所用沙拉酱：**低脂酸奶酱** 026 页

紫薯水果沙拉

给自己一份甜蜜

25 分钟　简单

特色

紫薯饱腹又润肠，颜色也非常漂亮，最适合减脂期的女性用来作主食。根据自己的喜好，加上丰盛的多种水果，吃得过瘾又健康。

主料

紫薯 **150**g / 火龙果 **50**g / 草莓 **50**g / 苹果 **50**g / 脐橙 **50**g

辅料

牛奶 **30**ml / 低脂酸奶酱 **100**g / 即食混合脆麦片 **25**g

参考热量

合计 **431** 千卡

做法

1. 紫薯洗净外皮的泥土，用餐巾纸包裹一层，并将餐巾纸打湿。
2. 将包裹好的紫薯放入微波炉，高火加热 6 分钟。
3. 取出紫薯，撕去餐巾纸，并用筷子从中间捣开散热。
4. 冷却后的紫薯撕去外皮，只取果肉，加入牛奶，拌匀成可以捏成球不开裂的状态即可。
5. 将紫薯泥擀成 1cm 厚，用心形切模整形后放入盘中。
6. 火龙果从中间切开，用挖球器挖成球状；苹果洗净，对半切开，也挖成苹果球。
7. 草莓洗净，对半切开；脐橙去皮去子，切成小块。
8. 将切好的水果摆放在心形紫薯泥上，浇上低脂酸奶酱，撒上即食混合脆麦片即可。

TIPS

1. 传统加热紫薯的方法是蒸或者煮，其实用微波炉加热非常便捷，包裹餐巾纸是为了在加热过程中防止紫薯内的水分过分流失。如果一次加热多量的紫薯，以 **5** 分钟为一个时间段，打开为餐巾纸加水后再继续加热。
2. 如果没有心形模具，也可以用手将紫薯泥团成小球，一样是很可爱的造型。

本菜所用沙拉酱：**低脂酸奶酱 026 页**

紫薯肉松沙拉

甜咸碰撞出奇妙滋味

15 分钟　简单

特色

甜甜的紫薯，咸香的肉松，脆嫩爽口的黄瓜和玉米，谁能料到它们组合在一起，口感竟能如此和谐而美妙呢?

主料

紫薯 **150**g / 肉松 **30**g / 黄瓜 **100**g / 速冻玉米粒 **50**g

辅料

经典美乃滋 **20**g

参考热量

合计 **439** 千卡

本菜所用沙拉酱：**经典美乃滋 022 页**

做法

1. 紫薯洗净外皮的泥土，用餐巾纸包裹一层，并将餐巾纸打湿。
2. 将包裹好的紫薯放入微波炉，高火加热 6 分钟。
3. 取出紫薯，撕去餐巾纸，散热备用。
4. 将散热后的紫薯去除两端纤维较多的部分，然后撕去外皮。
5. 黄瓜洗净，去头去尾，切成边长 1cm 左右的小粒。
6. 将紫薯切成比黄瓜粒略大的小块。
7. 玉米粒去浮冰，放入沸水中汆烫 1 分钟捞出，沥干水分。
8. 将紫薯粒、黄瓜粒、玉米粒放入沙拉盘中整齐地摆好，撒上肉松，挤上经典美乃滋即可。

TIPS

紫薯的外皮也具有一定营养价值，如果想一并食用，清洗工作一定要足够细致，并将有坑疤的部分提前挖出处理掉。

紫薯菠萝里脊沙拉

多层次的味觉体验

45 分钟　高级

特色

来自菠萝咕噜肉的灵感，用沙拉的形式重新演绎，搭配营养丰富的紫薯和紫甘蓝，大胆创新，营养加倍。

主料

紫薯 **150**g / 里脊肉 **100**g / 菠萝 **100**g / 紫甘蓝 **50**g

辅料

料酒 **1** 茶匙 / 盐少许 / 十三香少许 / 鸡蛋 **1** 个 / 面粉 **15**g / 花生油 **500**g（实用 **15**g）/ 糖醋汁 **30**g

参考热量

合计 **576** 千卡

做法

1. 菠萝切小块，用淡盐水浸泡 15 分钟左右。
2. 里脊肉切成粗约 1cm，长约 3cm 的小条，加料酒、盐腌渍片刻。
3. 面粉放入小碗，加入鸡蛋和少许盐、十三香，搅匀成糊状；将腌好的里脊条放入鸡蛋面糊中，均匀地包裹。
4. 花生油烧至七成热，保持中小火，放入裹好鸡蛋面糊的里脊条，炸至呈淡淡的金黄色后捞出，吸去多余油分。
5. 紫薯洗净外皮的泥土，用餐巾纸包裹一层，并将餐巾纸打湿。
6. 将包裹好的紫薯放入微波炉，高火加热 6 分钟，取出晾凉后去除两端纤维较多的部分，切成适口的小块。
7. 紫甘蓝洗净，切成细丝。
8. 将紫薯块、紫甘蓝丝、里脊条和菠萝块放入沙拉碗中拌匀，浇上糖醋汁即可。

TIPS

如果喜欢炸好的里脊有着非常脆的口感，可以分两次油炸：第一次颜色稍微发黄即可捞出，稍微冷却后再回锅炸至金黄色。也可以一次多炸一些，放入冰箱冷冻，再次使用时只需要解冻后再回锅炸制即可。

本菜所用沙拉酱：**糖醋汁** 029 页

特色 紫薯的口感非常绵软，与脆鸡块搭配在一起，口感奇妙又别出心裁。配上一点绿色蔬菜来平衡口感和营养，整道沙拉也立刻变成了视觉享受。

做法

1. 将鸡腿剔骨，然后切成小块，加 1 茶匙料酒、少许盐和现磨黑胡椒腌渍片刻。
2. 紫薯洗净外皮的泥土，用餐巾纸包裹一层，并将餐巾纸打湿。
3. 将紫薯放入微波炉，高火加热 6 分钟。
4. 在腌好的鸡腿肉上撒上玉米淀粉，摇晃翻匀，至全部沾上淀粉为止。
5. 鸡蛋打散，将鸡肉块裹匀蛋液，再蘸满面包糠。
6. 花生油烧至七成热，放入鸡块，保持中小火，炸至鸡块呈淡淡的金黄色，捞出沥油，放在铺了厨房纸巾的餐盘上备用。
7. 将熟透的紫薯去除两端纤维较多的部分后切成小块；球生菜洗净切成小块。苦苣择洗净切段。
8. 将炸鸡腿块、紫薯块、苦苣和球生菜放入沙拉碗中拌匀，挤上千岛酱即可。

紫薯脆
鸡腿沙拉
健康美味一碗兼得
45 分钟
高级

主料

紫薯 **150**g / 鸡腿 **1** 个（可食部分约 **100**g）/ 球生菜 **50**g / 苦苣 **30**g

辅料

料酒 **1** 茶匙 / 盐少许 / 现磨黑胡椒适量 / 鸡蛋 **1** 个 / 玉米淀粉 **10**g / 面包糠 **10**g / 花生油 **500**g（实用 **15**g）/ 千岛酱 **30**g

参考热量

合计 **645** 千卡

本菜所用沙拉酱：千岛酱 023 页

TIPS

如果觉得鸡腿肉剔骨太麻烦，也可以选用鸡胸肉来制作，没有鸡皮，口感虽然稍有欠缺，但是热量却能降低不少。

玉米三文鱼沙拉

巧 吃 三 文 鱼， 饱 腹 又 减 脂

15分钟　简单

特色 三文鱼是非常棒的食材，营养价值高，热量却极低。但是小小一碟刺身吃不饱怎么办？不妨加入各色蔬菜，做一份高大上的三文鱼沙拉吧，保证吃得你超满足！

主料

速冻玉米粒 **100**g / 三文鱼 **100**g / 紫甘蓝 **100**g / 牛油果 **80**g

辅料

现磨黑胡椒适量 / 新鲜柠檬汁几滴 / 青芥辣少许 / 薄口酱油 **2** 汤匙 / 经典美乃滋 **20**g

参考热量

食材	速冻玉米粒 **100**g	三文鱼 **100**g	紫甘蓝 **100**g
热量	**118** 千卡	**139** 千卡	**25** 千卡
食材	牛油果 **80**g	经典美乃滋 **20**g	合计
热量	**64** 千卡	**140** 千卡	**486** 千卡

做法

1. 三文鱼切成边长 1cm 左右的小块，挤上几滴柠檬汁。
2. 玉米粒洗去浮冰，放入沸水中汆烫 1 分钟，捞出沥干水分备用。
3. 紫甘蓝洗净，切成细丝，放入纯净水中浸泡备用。
4. 牛油果对半切开，去除果核。

5. 用小刀在一半的牛油果上划出方格纹路。
6. 用勺子紧贴牛油果皮，将果肉粒挖出，放入沙拉碗中，淋上少许薄口酱油，撒上适量的现磨黑胡椒。
7. 将少许青芥辣和薄口酱油调匀成酱汁。
8. 捞出紫甘蓝丝，沥水，放入沙拉碗，加入三文鱼粒和玉米粒，淋上步骤 7 的酱汁拌匀，再挤上经典美乃滋即可。

TIPS

1. 如果没有薄口酱油，可以用生抽代替。
2. 购买三文鱼时尽量购买三文鱼中段，肉质最好。

营养贴士

紫甘蓝所含有的维生素和钙、磷、铁等矿物质均高于普通的结球甘蓝（圆白菜），并含有蛋白质、膳食纤维等多种营养元素，营养非常丰富。

本菜所用沙拉酱：**经典美乃滋** 022 页

玉米北极贝沙拉

清爽鲜美的海洋馈赠

25分钟　简单

特色

五彩斑斓的蔬菜丁之间，粉红色的北极贝若隐若现，好像装满了珍宝的藏宝箱，开启你健康美味的新生活！

主料

速冻玉米粒 **100**g / 北极贝 **100**g / 荷兰豆 **100**g / 胡萝卜 **50**g

辅料

盐少许 / 青芥辣少许 / 薄口酱油 **2** 汤匙 / 千岛酱 **15**g

参考热量

合计 **358** 千卡

做法

1. 北极贝提前从冷冻室拿出，室温解冻。
2. 胡萝卜洗净，用刨丝器刨成细丝，放入纯净水中浸泡备用。
3. 荷兰豆洗净，择去头尾。
4. 烧开一小锅水，加入少许盐，将荷兰豆放入，汆烫 1 分钟，捞出沥干水分晾凉备用。
5. 将速冻玉米粒洗去浮冰，放入汆烫荷兰豆的水中，汆烫 1 分钟，捞出沥干水分，放入沙拉碗中。
6. 将晾凉的荷兰豆斜切成段。
7. 将少许青芥辣和薄口酱油混合调匀。
8. 将荷兰豆、胡萝卜丝、玉米粒和北极贝一起放入沙拉碗中，淋上步骤 7 的调味汁，再挤上千岛酱即可。

TIPS

1. 胡萝卜丝刨好之后放入纯净水是为了使口感更加水嫩、鲜脆，此步骤很重要千万不可忽略。
2. 北极贝也可提前一晚从冷冻室移到冷藏室，低温解冻，口感更好，也能避免室温解冻过度使细菌滋生。

本菜所用沙拉酱：千岛酱 023 页

玉米火腿沙拉

热闹而简单的快手沙拉

25分钟　简单

特色

各种颜色的食材统统切成小丁，满满当当一大碗，看着热闹，吃着健康，快手沙拉非它莫属。

主料

速冻玉米粒 **100**g / 无淀粉火腿 **100**g / 西芹 **100**g / 芦笋 **50**g / 圣女果 **50**g

辅料

盐少许 / 千岛酱 **30**g

参考热量

合计 **466** 千卡

择西芹叶子时，可以顺着纤维的方向向下顺势撕开，这样可以将西芹老化的纤维去除，口感更清脆。

本菜所用沙拉酱：千岛酱 023 页

做法

1. 西芹洗净，去叶，去根部。
2. 将洗净的西芹先用小刀顺着纤维划成小条，再切成碎粒。
3. 玉米粒放入煮沸的淡盐水中汆烫 1 分钟，捞出沥水。
4. 西芹粒入沸水中，中火汆烫 1 分钟，捞出沥水。
5. 芦笋洗净，切去老化的根部后，切成小粒，放入步骤 4 剩余的淡盐水中，汆烫 1 分钟，捞出沥干水分备用。
6. 无淀粉火腿去除包装，切成比玉米粒稍大一点的火腿粒。
7. 圣女果去蒂，洗净，切成 4 瓣。
8. 将西芹粒、玉米粒、芦笋粒、火腿粒和圣女果一起放入沙拉碗，拌匀后挤上千岛酱即可。

玉米牛肉沙拉

粗粮与红肉，减脂又增肌

90分钟　中等

特色

牛肉是解馋又饱腹的健康红肉，多吃也不怕发胖，最适合需要增肌减脂的健美人士。配上简单处理即熟的蔬菜，保证营养又能吃得过瘾。

主料

玉米粒 **100**g / 牛肉 **100**g / 秋葵 **50**g / 豇豆 **100**g

辅料

盐少许 / 料酒 **1** 茶匙 / 八角 **3** 颗 / 花椒 **3**g / 葱段适量 / 干山楂片适量 / 生抽少许 / 意式油醋汁 **30**g

参考热量

合计 **329** 千卡

做法

1. 将牛肉放入加过料酒的沸水中，大火煮 3 分钟捞出沥水。
2. 另起一锅，加入八角、花椒、葱段和干山楂片，煮沸后将汆烫过的牛肉放入，以最小火慢炖 1 小时后，加少许盐和生抽，继续炖 15 分钟左右。
3. 将煮好的牛肉捞出，晾凉后切成边长约 1cm 的方块状。
4. 秋葵洗净，放入煮沸的淡盐水中汆烫 1 分钟，沥水晾凉。
5. 豇豆洗净，择去头尾切碎，加少许盐和生抽拌匀。
6. 将煮好的秋葵切去根部，然后切成 0.5cm 厚的片状。
7. 将玉米粒洗去浮冰，放入步骤 4 剩余的淡盐水中，保持沸腾汆烫 1 分钟，捞出沥干水分。
8. 将牛肉丁、秋葵、玉米粒和豇豆粒一起放入沙拉碗中，淋上意式油醋汁，拌匀即可。

TIPS

1. 炖牛肉时加入的山楂片，是干货区或者药材铺买到的纯天然山楂干片。炖牛肉加入山楂，能使炖煮的时间缩短不少，肉质鲜嫩。
2. 豇豆是可以生食的豆角品种，无毒。但是如果不喜欢生豆角的味道，可以放入沸水中汆烫一下，时间不宜久，1 分钟即可。煮得过烂会影响沙拉的口感。

本菜所用沙拉酱：意式油醋汁 027 页

玉米全素沙拉

中式风情的素食美味

20分钟　简单

特色

这道沙拉由于莲藕的参与演出，变得更具中国特色。在炎炎夏日，带给你不一样的清爽感受。

主料

速冻玉米粒、莲藕、西蓝花各 **100**g / 速冻青豆、胡萝卜各 **50**g

辅料

盐少许 / 千岛酱 **30**g

参考热量

合计 **448** 千卡

做法

1. 莲藕洗净，去皮，从中间剖开后再切成半圆形的藕片。
2. 将藕片放入沸水氽烫 2 分钟后捞出，沥干水分备用。
3. 西蓝花切小朵，入淡盐水浸泡 5 分钟左右再冲净。
4. 将西蓝花放入煮沸的淡盐水氽烫 1 分钟左右捞出沥水。
5. 将青豆和玉米粒放入沸水中氽烫 1 分钟，捞出沥水。
6. 胡萝卜洗净，切去根部，再切成 0.3cm 左右的薄片，再用蔬菜切模把胡萝卜片切成花朵状。
7. 将胡萝卜片放入沸水中氽烫 1 分钟，捞出沥干水分。
8. 将莲藕片、胡萝卜片、西蓝花、青豆粒和玉米粒放入沙拉碗中，加入千岛酱拌匀即可。

没有蔬菜切模，也可将胡萝卜片用小刀雕刻成花朵状，或直接使用。

本菜所用沙拉酱：千岛酱 023 页

黑魔芋鲜虾西芹沙拉

越 吃 越 瘦 的 秘 密

15 分钟　　简单

特色

黑魔芋是非常饱腹热量又低的神奇食物之一。西芹与虾仁同样也是热量极低的食材，放开了可劲儿吃，吃到撑也不会发胖！

主料

黑魔芋 **250**g / 明虾 **100**g（可食部分）/ 西芹 **100**g

辅料

盐 **2** 茶匙 / 橄榄油 **10**g / 千岛酱 **30**g

参考热量

食材	黑魔芋 **250**g	明虾 **100**g	西芹 **100**g
热量	**15** 千卡	**85** 千卡	**16** 千卡
食材	橄榄油 **10**g	千岛酱 **30**g	合计
热量	**88** 千卡	**142** 千卡	**346** 千卡

做法

1. 明虾去头去尾，去除虾线，冲洗干净，沥干水分。
2. 西芹择去叶子，切去根部，洗净沥干水分后斜切成薄片。
3. 起锅烧一锅清水，加入 1 茶匙盐。
4. 水开后先将虾仁放入，汆烫至虾仁变红即可捞出。
5. 接着把切好的芹菜片放入，汆烫至水再次沸腾后即可捞出。
6. 将烫好的虾仁和芹菜一并放入沙拉碗中，加入 1 茶匙盐和 10g 橄榄油，拌匀稍微腌渍 2 分钟。
7. 黑魔芋洗净，切成适口的小长条。
8. 将黑魔芋、虾仁、芹菜放入沙拉盆内，拌匀后装盘，在上面淋上千岛酱即可。

TIPS

黑魔芋在超市卖豆制品的冷藏货柜可以找到，也可以购买黑魔芋粉在家自制。如果没有黑魔芋，也可以用袋装魔芋来代替。

营养贴士

黑魔芋是由蒟蒻的块茎磨粉制成，富含膳食纤维，可延缓消化道对葡萄糖和脂肪的吸收，从而有效防治高血糖、高血脂类疾病的发生。

本菜所用沙拉酱：千岛酱 023 页

魔芋厚蛋
菠菜沙拉
厚蛋烧的小魔力
30分钟
中等

特色

日式风情的厚蛋烧，用油量介于煎鸡蛋和白煮蛋之间，油脂摄入合理。切面呈现的一圈圈纹理，能让普通的食材瞬间妙趣横生。

主料

魔芋丝结 **200**g / 鸡蛋 **2** 个 / 菠菜 **200**g

辅料

盐 **2** 茶匙 / 花生油 **10**g / 意式油醋汁 **40**g / 千岛酱 **15**g

参考热量

合计 **460** 千卡

做法

1. 鸡蛋放入小碗中打散，加入 1 茶匙盐，搅拌均匀。
2. 厚蛋烧专用锅烧热，加入 10g 花生油，然后加入一部分蛋液，以能全部盖住锅底即可，保持小火加热。
3. 待蛋液基本凝固后，用铲子从一边将蛋皮卷起，卷到尾部后再继续添加蛋液。
4. 待第二层蛋液基本凝固后，将位于一边的蛋卷再卷回来，如此往复，直至用完所有蛋液。
5. 做好的厚蛋烧卷凉至不烫手后，切成 1cm 的厚蛋烧片。
6. 魔芋丝结去除包装，沥干包装内的水分，冲洗两遍控干水分备用；菠菜去根洗净，切成小段。
7. 烧一锅清水，加入 1 茶匙盐。将菠菜段和魔芋丝一并放入，氽烫至水再次沸腾后立刻捞出。
8. 将烫好的菠菜和魔芋丝结放入沙拉碗中，加意式油醋汁拌匀，再加入厚蛋烧，淋上千岛酱即可。

本菜所用沙拉酱：意式油醋汁 027 页
千岛酱 023 页

TIPS

厚蛋烧专用锅为长方形，也可用较小的不粘平底锅代替。
在制作厚蛋烧时，可以加入葱花、胡萝卜碎等自己喜爱的食材，做出的厚蛋烧切面会更加鲜艳，营养也更丰富。

早餐剩下的一根油条也能变成健康的沙拉食材，只要心思巧妙，新奇的美味就会层出不穷地冒出来，永远没有尽头。

魔芋爽口脆沙拉
一根剩油条，成就好沙拉
30分钟
简单

做法

1. 小锅加入250g花生油，烧至七成热；油条切成1.5cm左右的小丁。
2. 将油条丁放入油锅中，炸至略微变硬立刻关火捞出，控油备用。
3. 水果黄瓜洗净，切成1cm左右的小丁。
4. 莲藕去皮，洗净，切成1cm左右的小丁。
5. 起锅烧一锅清水，加入1茶匙盐；水沸后将莲藕丁放入，煮至水再次沸腾后小火煮1分钟，捞出控干水分备用。
6. 黑魔芋洗净，切成1.5cm左右的小丁。
7. 将黑魔芋、莲藕丁、黄瓜丁一并放入沙拉盆，加入1茶匙盐和白砂糖及香醋，拌匀。
8. 将炸好的油条丁撒进去，稍微翻拌均匀即可。

主料

黑魔芋 **200**g / 水果黄瓜 **100**g / 莲藕 **100**g / 剩油条 **30**g

辅料

盐 **2** 茶匙 / 花生油 **250**g（实用 **10**g 左右）/ 香醋 **10**g / 白砂糖 **15**g

参考热量

合计 **363** 千卡

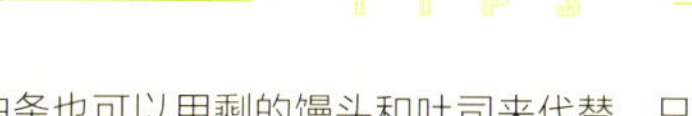

油条也可以用剩的馒头和吐司来代替，只要切成小丁炸得金黄酥脆就可以了。

墨西哥玉米片沙拉

浓 郁 的 墨 西 哥 风 情

35 分钟　简单

特色

相较于薯片，墨西哥玉米片热量更低也更加健康。减肥时蠢蠢欲动想吃零食的时候，就由这道沙拉帮你达成心愿吧！

做法

1. 鸡胸肉洗净，竖切成几块。
2. 烧一锅开水，将鸡肉放进去，煮熟后捞出。
3. 晾凉后将鸡胸肉撕成鸡丝。
4. 胡萝卜洗净，用刨丝器刨成长约 3cm 的胡萝卜丝。

5. 苦苣去根去老叶，洗净后沥干水分，切成 3cm 的小段。
6. 玉米片放入保鲜袋，稍微用手捏几下弄碎。
7. 将鸡丝、胡萝卜丝和苦苣一并放入沙拉碗中，淋上意式油醋汁拌匀。
8. 撒入玉米片，淋上塔塔酱即可。

主料

墨西哥玉米片 **30**g / 鸡胸肉 **100**g / 苦苣 **50**g / 胡萝卜 **100**g

辅料

塔塔酱 **30**g / 意式油醋汁 **20**g

参考热量

食材	墨西哥玉米片 30g	鸡胸肉 100g	苦苣 50g	胡萝卜 100g
热量	150 千卡	133 千卡	14 千卡	36 千卡
食材	塔塔酱 30g	意式油醋汁 20g	合计	
热量	147 千卡	33 千卡	513 千卡	

TIPS

判断鸡胸肉是否熟透，可以捞出后用筷子或竹扦扎一下，没有血水即可。不可煮得过老影响口感。

玉米片不可捏得过碎，会影响口感，如果可以，一片片掰开最好。

营养贴士

虽然叫墨西哥玉米片，它却产自 20 世纪 40 年代的洛杉矶。经过压制和油炸，玉米片变得更加美味，也保留了蛋白质、矿物质、膳食纤维等多数营养成分。

本菜所用沙拉酱：塔塔酱 024 页
意式油醋汁 027 页

鹰嘴豆德式沙拉

品 尝 日 耳 曼 异 域 风 味

1晚+30分钟　中等

特色

奇妙如鹰嘴般的小小豆子，却蕴含了丰富的营养。配上喷香的德国白肠、水灵灵的小萝卜，再点缀上具有极浓芝麻香气的菜叶，就是一份超级解馋又养眼的德式沙拉。

主料

鹰嘴豆 **50**g / 樱桃萝卜 **100**g / 芝麻菜 **100**g / 德式白肠 **100**g

辅料

意式油醋汁 **40**g

参考热量

食材	鹰嘴豆 50g	樱桃萝卜 100g	芝麻菜 100g
热量	158 千卡	21 千卡	25 千卡
食材	德式白肠 100g	意式油醋汁 40g	合计
热量	190 千卡	66 千卡	460 千卡

做法

1. 鹰嘴豆用清水冲洗干净，然后用清水浸泡过夜。
2. 锅中加入 3 倍于豆子体积的清水，将浸泡好的鹰嘴豆捞出，放入锅中，大火煮沸后转小火煮 10 分钟。
3. 将煮好的鹰嘴豆捞出，沥干水分，放入沙拉碗中。
4. 煮豆子的时间可以用来煎德式白肠：取平底锅加热，将德式白肠放入，边煎边转动，直至外皮略呈金黄色，内部熟透，稍微晾凉备用。
5. 樱桃萝卜洗净，控干水分，萝卜缨弃用，将萝卜切成 0.1cm 极薄的圆形小片。
6. 芝麻菜洗净，去除老叶和根部，切成 3cm 左右的小段。
7. 将煎好的德式白肠切成 0.5cm 左右厚，半圆形的薄片。
8. 将鹰嘴豆、德式白肠、樱桃萝卜和芝麻菜一并放入沙拉碗中，淋上意式油醋汁即可。

TIPS

1. 樱桃萝卜一定要切得足够薄，具有透明感，才会非常好看，也更容易入味。
2. 除了干鹰嘴豆，也可以直接使用即食的鹰嘴豆罐头来制作这道沙拉。

营养贴士

鹰嘴豆含有丰富的植物蛋白质、膳食纤维、维生素和多种微量元素，在补血、补钙等方面作用明显，是贫血患者、生长期的青少年的极佳食品。

本菜所用沙拉酱：意式油醋汁 027 页

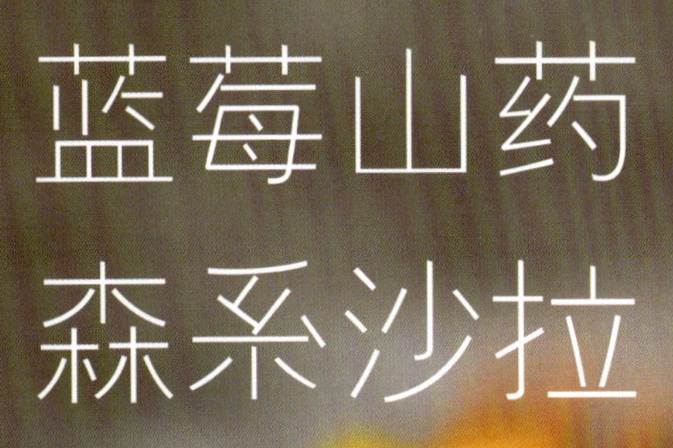

美丽甜蜜的森林气息

40分钟　中等

特色 蓝莓山药非常开胃好吃，造型却稀松平常不足为奇。但经过一番巧妙装扮，点缀以食用鲜花，立刻就具备了清新美丽的森系画风。

做法

1. 山药洗净去皮，上锅蒸 20 分钟。
2. 将蒸熟的山药放入盆中，用压泥器碾压成山药泥。
3. 在山药泥中加入白砂糖和牛奶，用刮刀搅拌均匀，直至牛奶全部被吸收。
4. 将三色堇洗净，用清水浸泡 5 分钟后沥干水分备用。
5. 准备好模具，放在沙拉平盘上，用茶匙先填 1 勺牛奶山药泥，压实，表面抹平。
6. 在牛奶山药泥造型上淋蓝莓果酱。
7. 再覆盖上一层做好的牛奶山药泥。
8. 点缀上蓝莓果实，淋上低脂酸奶酱，摆放上食用三色堇即可。

主料

山药 **200**g / 新鲜蓝莓 **100**g / 牛奶 **50**g

辅料

白砂糖 **10**g / 蓝莓果酱 **30**g / 低脂酸奶酱 **100**g / 食用三色堇几朵

参考热量

食材	山药 200g	新鲜蓝莓 100g	牛奶 50g	白砂糖 10g
热量	114 千卡	57 千卡	27 千卡	40 千卡
食材	低脂酸奶酱 100g	蓝莓果酱 30g	合计	
热量	87 千卡	72 千卡	397 千卡	

TIPS

1. 山药根据产地品种的不同，吸水能力也不同，所以添加牛奶的时候要少量多次，边观察边添加，不可使山药泥过软，不然后续操作会非常困难。
2. 除了食用三色堇，还可使用菊花、康乃馨等，如果购于鲜花店，一定要多清洗、浸泡几次再使用。如果不想食用鲜花，也可用新鲜薄荷来点缀。
3. 除了蓝莓，也可以使用草莓＋草莓酱、杏子＋黄桃果酱等搭配来制作，也可以混合多种水果的果酱和鲜果，制作出各种不同口味的森系沙拉。

营 养 贴 士

山药具有滋阴补阳、助消化、补脾肺、益肠胃等食疗功效，其中的黏蛋白能够预防心血管系统的脂肪沉积，预防动脉硬化。

本菜所用沙拉酱：低脂酸奶酱 026 页

薯片牛油果溏心蛋沙拉

零食也可以很健康

15分钟　简单

特色

如果你有薯片上瘾症，拆开一包就吃不停，那么这道沙拉绝对可以挽救你。只要食材搭配合理，零食也能吃出健康！

主料

薯片 **30**g / 牛油果半个（约 **80**g）/ 鸡蛋 **1** 个 / 圣女果 **50**g / 速冻玉米粒 **20**g

辅料

千岛酱 **30**g

参考热量

合计 **487** 千卡

做法

1. 小锅放冷水，将鸡蛋放入。
2. 开中火煮至沸腾后关火，盖上盖子闷 2 分钟。
3. 捞出放在冷水中浸泡备用。
4. 牛油果对切两半，取一半使用，去除果核，切成 1cm 的小丁。
5. 圣女果去蒂洗净，对切成两半。
6. 速冻玉米粒洗去浮冰，放入开水中汆烫一下，捞出沥干水分。
7. 薯片放入保鲜袋中稍微捏碎。
8. 将牛油果、圣女果、速冻玉米粒和薯片一并放入沙拉碗中，淋上千岛酱，将煮好的溏心蛋剥壳放在最上面，用餐刀切开，使溏心流出。

TIPS

1. 如果不喜欢溏心蛋的口感，可以将鸡蛋煮熟后切成小丁。
2. 制作溏心蛋一定要选择灭菌蛋，普通鸡蛋有沙门氏菌，需达到 **70**℃才能灭菌，因此不适宜制作溏心蛋。
3. 这道沙拉也可以选择不将薯片拌入，而是保持薯片整体形状，然后用薯片盛取沙拉食用。

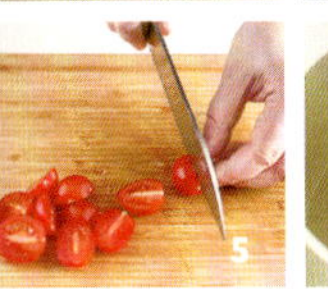

本菜所用沙拉酱：千岛酱 023 页

特色

一盒内脂豆腐，两个松花蛋，一点点榨菜，超级简单易得，最适合忙碌了一天，晚上想来点轻食的人群。

主料

内酯豆腐 **350**g / 松花蛋 **2** 个（约 **100**g）/ 榨菜碎 **60**g

辅料

熟花生碎 **10**g / 生抽 **10**g / 小磨香油 **5**g / 香醋 **5**g / 香菜 **2** 根（可选）

参考热量

合计 **504** 千卡

TIPS

1. 制作这款沙拉时，切忌过度翻拌，会使豆腐出水严重，影响口感。
2. 这道沙拉的调味精华在于榨菜，可以根据个人口味偏好，选择辣味或是原味的榨菜来制作。如果购买的不是成品的榨菜碎粒，需要先切碎再使用，不可大块或者条状直接拌入。

豆腐沙拉盒

据说是最偷懒的沙拉

20 分钟　简单

做法

1. 松花蛋剥去外壳，洗净，用厨房纸巾擦干水分，切成小粒，放入小碗中，加 5g 香醋腌渍片刻。
2. 内酯豆腐包装膜从边缘划开一个小口，将包装膜撕下。
3. 豆腐用勺子挖出，放入沙拉盆中备用。
4. 香菜洗净，去除老叶和根部，切成碎末。
5. 将腌渍好的松花蛋放入装有豆腐的沙拉盆内，加入榨菜碎和 10g 生抽，稍微翻拌。
6. 将拌好的沙拉装盘，于顶端撒上熟花生碎和香菜末，淋上一点小磨香油即可。

白芸豆杂果沙拉

沙 拉 吃 出 奶 油 味

1晚+70分钟 简单

白芸豆绵密甜香，甚至可当作奶油的替代品用来给蛋糕裱花。健康低脂，再配上五颜六色的水果，有这样一份沙拉，谁还需要奶油蛋糕?

主料

白芸豆 **50**g / 脐橙 **100**g / 杨桃 **100**g / 草莓 **100**g

辅料

低脂酸奶酱 **100**g

参考热量

合计 **356** 千卡

做法

1. 白芸豆用清水冲洗干净，然后用清水浸泡过夜。
2. 锅中加入 5 倍于豆子体积的清水，将浸泡好的白芸豆捞出，放入锅中，大火煮沸后转小火煮 1 小时，直至豆子全部软烂。
3. 将煮好的白芸豆捞出，沥干水分，放入沙拉碗中。
4. 脐橙切成六瓣，去皮，再切成适口的小块。
5. 杨桃洗净，用厨房纸巾吸干水分，切成约 0.2cm 厚的薄片。
6. 草莓去蒂，冲洗净，然后纵向剖开，对切成两半。
7. 将脐橙和草莓放入盘中，淋上低脂酸奶酱，摆上杨桃和白芸豆即可。

TIPS

1. 白芸豆煮制一次非常耗时，可一次多煮一些，分装在保鲜袋内，置于冰箱冷冻室保存。再次使用时提前拿出解冻即可。
2. 如果位于北方城市不好购买杨桃，可以用绿色的猕猴桃代替。

本菜所用沙拉酱：**低脂酸奶酱 026 页**

脆山药鸭脯沙拉

特色

脆脆的山药咸中带甜，与肉中略带甜味的鸭胸肉有着异曲同工之妙。再来一点鲜翠欲滴的荷兰豆，看似随意的搭配，却呈现出与众不同的和谐创意。

做法

1. 山药洗净削皮,斜切成0.2cm左右的薄片。
2. 大葱洗净去根，斜切成葱片。
3. 炒锅烧热，加入橄榄油，放入葱片爆香。
4. 加入山药、1茶匙盐和15g香醋，大火翻炒1分钟，加入一大碗清水，煮至沸腾后转小火煮3分钟，关火后捞出山药放入沙拉盆，弃去菜汤。
5. 荷兰豆去筋，冲洗干净。
6. 小锅加清水和1茶匙盐，煮至沸腾后放入荷兰豆,氽烫1分钟后捞出,沥干水分。
7. 烤鸭脯肉切薄片。
8. 将烫好的荷兰豆和切好的鸭脯一并放入沙拉碗中，淋上法式芥末酱即可。

主料

山药 **200**g / 烤鸭脯肉 **100**g / 荷兰豆 **100**g

辅料

盐 **2** 茶匙 / 橄榄油 **10**g / 大葱 **30**g / 香醋 **15**g / 法式芥末酱 **30**g

参考热量

合计 **521** 千卡

本菜所用沙拉酱：法式芥末酱 025 页

TIPS

1. 烤鸭胸指的是熟食店或超市熟食货柜专门贩售的烤鸭胸脯肉，呈方块条状。如果使用的是北京烤鸭，本身没有味道，也可以将法式芥末酱调整为甜面酱，做出另一种口味的沙拉。
2. 山药本身在炒制过程中会析出黏液，为避免粘锅，加入的清水一定要多，并时不时翻拌一下。
3. 如果不喜欢大葱的味道，可以在爆香完成后、山药入锅前将大葱捞出弃用，即可得到清爽洁白的炒山药。

第三章 夹起来最奇妙的三明治

菠菜溏心蛋超厚三明治

大力水手的能量之源

20分钟 中等

特色

绿油油的菠菜，吃出大力水手的满满能量，夹裹一颗溏心蛋，切开来的一瞬间就让人口水直流，吃的时候要大口大口才能过瘾，也不会令蛋黄浪费掉。

主料

吐司 **2** 片 / 鸡蛋 **1** 个 / 菠菜 **150**g / 叶生菜 **30**g

辅料

盐少许 / 经典美乃滋 **10**g

参考热量

合计 **394** 千卡

TIPS

放置菠菜时，尽量将溏心蛋周围的空隙填满，这样盖另一片吐司时会比较平整，以便后续的步骤操作。

本菜所用沙拉酱：经典美乃滋 022 页

做法

1. 小锅加足量的水（足够没过鸡蛋），冷水将鸡蛋放入煮沸。
2. 加盖计时 5 秒钟关火，不要移动锅，闷 2 分钟左右。
3. 将鸡蛋放入冷水中浸凉，剥壳。
4. 将菠菜洗净去根，切成适口的小段，放入煮沸的淡盐水中，汆烫 1 分钟后捞出，沥干水分备用。
5. 叶生菜洗净，撕成小片。
6. 吐司入吐司机以中档加热。取一张四边大于吐司 1 倍的保鲜膜。
7. 将烤好的其中 1 片吐司摆放在保鲜膜上，抹上经典美乃滋，铺上叶生菜，放好整颗溏心蛋，再铺好烫熟的菠菜。
8. 盖上另外 1 片吐司，将四周的保鲜膜把吐司紧紧包裹起来，从中间切开，切口朝上摆入盘中，即成为非常漂亮的三明治。

牛油果
超厚三明治

简 单， 超 厚， 超 满 足

20分钟　简单

特色 超厚三明治近年来非常流行，两片吐司夹裹着满满的食材，一口咬下的满足感简直无法用言语形容，只有吃过的人才懂那种幸福。

主料

吐司 **2** 片 / 牛油果 **80**g / 鸡蛋 **1** 个 / 胡萝卜 **50**g

辅料

盐少许 / 现磨黑胡椒适量 / 千岛酱 **15**g

参考热量

食材	吐司 **2** 片	牛油果 **80**g	鸡蛋 **1** 个
热量	**200** 千卡	**64** 千卡	**72** 千卡
食材	胡萝卜 **50**g	千岛酱 **15**g	合计
热量	**18** 千卡	**71** 千卡	**425** 千卡

做法

1. 鸡蛋放入清水中煮熟，过两遍凉水浸泡冷却，剥壳后用切蛋器切成片。
2. 胡萝卜洗净，用刨丝器刨成细丝，放入纯净水中浸泡。
3. 牛油果从中间切开，去除果核，用勺子紧贴果皮将牛油果挖出，将取出的果肉放在案板上，切成薄片，尽量保持整齐的形状。
4. 吐司放入吐司机中，中挡加热。
5. 裁出一张上下左右都至少大于吐司 1 倍的保鲜膜，将烤好的其中 1 片吐司摆放在保鲜膜上。
6. 先铺上切好的鸡蛋片，再整齐码放上胡萝卜丝，挤上千岛酱。
7. 然后将切好的半个牛油果放上，轻压使切片散开，撒上少许盐和现磨黑胡椒，盖上另外 1 片吐司。
8. 将四周的保鲜膜把吐司紧紧包裹起来，从中间切开，切口朝上摆入盘中，即成为非常漂亮的三明治。

TIPS

制作超厚三明治，想要切面漂亮的诀窍有三个：

1. 食材码放整齐，尽量铺满吐司但是不超过边际。
2. 保鲜膜一定要包裹得足够紧。
3. 刀要足够锋利，如果有条件，最好选用大品牌带锯齿的专业吐司刀。

营养贴士

鸡蛋中蛋白质的氨基酸组成与人体组织蛋白质最为接近，因此吸收率高。此外，蛋黄还含有卵磷脂、维生素和矿物质等，这些营养素有助于增进神经系统的功能，能健脑益智，防止老年人记忆力衰退。

本菜所用沙拉酱：千岛酱 023 页

胡萝卜煎鸡胸超厚三明治

切面超美的视觉盛宴

35 分钟　中等

特色

据说橙色是最能激发人食欲的色彩。细密的胡萝卜丝整齐排列后的切面就是一幅美丽画作，搭配煎得香嫩的鸡胸肉和脆脆的圆白菜，只要一份就能满足你对营养和美味的全部需求。

主料

吐司 **2** 片 / 鸡胸肉 **100**g / 胡萝卜 **50**g / 圆白菜 **50**g

辅料

料酒 **1** 茶匙 / 盐少许 / 橄榄油 **10**g / 现磨黑胡椒适量 / 经典美乃滋 **10**g

参考热量

合计 **521** 千卡

做法

1. 将鸡胸肉洗净，从侧面剖开成薄片，洒 1 茶匙料酒腌渍片刻。
2. 不粘平底锅烧热，加入橄榄油，放入切好的鸡胸肉，煎至两面略微金黄，鸡肉熟透，晾凉备用。
3. 胡萝卜洗净，用刨丝器刨成细丝；圆白菜洗净，切成细丝，与胡萝卜丝一起放入纯净水中浸泡备用。
4. 吐司放入吐司机中，中挡加热。
5. 取一张上下左右都至少大于吐司 1 倍的保鲜膜，放上吐司。
6. 先整齐地码放上胡萝卜丝、圆白菜丝，再挤上经典美乃滋。
7. 然后将煎好的鸡胸肉切片，铺在上面，撒上少许盐和现磨黑胡椒，盖上另外 1 片吐司。
8. 将四周的保鲜膜把吐司紧紧包裹起来，从中间切开，切口朝上摆入盘中，即成为非常漂亮的三明治。

TIPS

鸡胸肉除了用煎的烹饪方法之外，也可以整块烤熟，或是水煮，可以依据个人的口味和热量需求来调整。

本菜所用沙拉酱：经典美乃滋 022 页

火腿便捷纸盒三明治

小巧的纸盒，精致的心意

25分钟 简单

特色

虽然制作起来略微麻烦，但是摆在早晨的餐桌上却极具仪式感，吃起来也不会弄脏餐桌，无需清洗餐具，这大概就是它的魅力所在吧！

主料

吐司 **2** 片 / 帕尔玛火腿 **30**g / 芝麻菜 **50**g / 番茄 **100**g

辅料

现磨黑胡椒适量 / 千岛酱 **15**g

参考热量

合计 **418** 千卡

做法

1. 芝麻菜洗净，择去根部和老叶，撕开，切成与吐司边长相当的长度。
2. 番茄去蒂，洗净，切成圆形的薄片。吐司放入吐司机，中挡烤至金黄色。
3. 取 1 片吐司，铺上番茄片，再整齐地码放上折叠好的帕尔玛火腿，撒上适量的现磨黑胡椒。
4. 整齐地摆放上芝麻菜，淋上千岛酱。
5. 盖上另外 1 片吐司，用手固定好，从中间对半切开。
6. 放入叠好的纸盒内，切口朝上即可。

TIPS

帕尔玛火腿风味非常独特，在大型超市或者进口超市的冷鲜柜台都可以买到。也可以用普通火腿代替，但是一定要切片够薄，才会足够漂亮。制作纸盒三明治时，两边的大小一定要保持一致，这样切口向上放入纸盒中时才能更加平整。

本菜所用沙拉酱：千岛酱 023 页

培根生菜奶酪纸盒三明治

浓缩的精华，浓浓的关爱

20分钟　简单

特色 培根的烟熏肉香，奶酪的奶香，吐司的麦香和蔬菜的清香，简单的搭配却保障了营养的均衡，是忙碌的清晨给家人最好的爱。

主料

吐司 **2** 片 / 培根 **4** 片 / 奶酪片 **1** 片 / 叶生菜 **30**g / 黄瓜 **50**g

辅料

千岛酱 **15**g / 现磨黑胡椒适量

参考热量

食材	吐司 **2** 片	培根 **4** 片	奶酪片 **1** 片	叶生菜 **30**g
热量	**200** 千卡	**140** 千卡	**48** 千卡	**10** 千卡
食材	黄瓜 **50**g	千岛酱 **15**g	合计	
热量	**8** 千卡	**71** 千卡	**477** 千卡	

做法

1. 不粘平底锅烧热，放入培根片，煎至两面熟透。
2. 撒上适量的黑胡椒。
3. 叶生菜洗净，沥去水分，切成细丝。
4. 黄瓜洗净，斜切成薄片。

5. 取 1 片吐司，铺上奶酪片、黄瓜片，再将培根折叠后摆放在上面。
6. 撒上生菜丝，挤上千岛酱。
7. 盖上另外 1 片吐司，用手压好、固定，对半切开。
8. 切口向上，放入叠好的纸盒内即可。

TIPS

除了市售的奶酪片，初试奶酪者还可以尝试例如布里奶酪（brie）、卡芒贝尔奶酪（camembert）之类，风味更加浓郁的则有山羊奶酪（goat cheese）、蓝纹奶酪（blue cheese）等。

营养贴士

10 公斤鲜奶仅能制作出 1 公斤的奶酪，它几乎包含了牛奶中所有的精华：蛋白质、脂肪和异常丰富的钙，每 100g 切达奶酪片含有 721.4 毫克的钙，所以特别适合给孩子和老人食用。

本菜所用沙拉酱：千岛酱 023 页

法式奶酪生火腿三明治

品　味　法　兰　西　的　味　道

15 分钟　简单

特色 卡芒贝尔奶酪口感清淡，奶香浓郁，与同样来自法兰西的长棍面包和法式生火腿搭配，制作一份法式风情的浪漫三明治就这么简单。

主料

法棍 **80**g / 法式巴约纳火腿 **50**g / 牛油果 **80**g / 卡芒贝尔奶酪 **30**g / 苦苣 **30**g

辅料

现磨黑胡椒适量 / 意式油醋汁 **20**g

参考热量

食材	法棍 80g	法式巴约纳火腿 50g	牛油果 80g	卡芒贝尔奶酪 30g
热量	190 千卡	129 千卡	64 千卡	92 千卡
食材	苦苣 30g	意式油醋汁 20g	合计	
热量	9 千卡	33 千卡	517 千卡	

做法

1. 法棍切去头尾，只用中段。
2. 从侧面中间剖开，不要完全剖断，留约 1cm 的连接处。
3. 牛油果对半切开，去除果核。
4. 用勺子紧贴果皮将果肉取出。
5. 将牛油果放在案板上，切成薄片。
6. 取 30g 卡芒贝尔奶酪，切成薄片。
7. 苦苣洗净，去根，去老叶，撕碎。
8. 将切好的法棍打开，依次铺上奶酪片、巴约纳火腿片、牛油果片，撒上适量的黑胡椒，再摆放上苦苣，淋上意式油醋汁，盖好即可。

TIPS

新鲜出炉的法棍外表酥脆，内里鲜软，如果没有赶上刚出炉的最好时间，可以将法棍放入烤箱中，以 **160**℃左右的温度烘烤 **5** 分钟，即可恢复差不多的口感。

营养贴士

法西边境的阿杜尔河盆地是巴约纳火腿的法定产地，猪只用玉米饲养，制成火腿需腌制一年之久，肉质柔软而不油腻，富含蛋白质、脂肪、锌、铁、钠等营养素。

本菜所用沙拉酱：**意式油醋汁 027 页**

特色

肥嘟嘟的一大根香肠，热腾腾的面包，配上红红绿绿的蔬菜，挤上满满的黄芥末酱，奔放的美式热狗酣畅淋漓地演绎了美国人的简单和直接。

主料

美式热狗面包 **80**g / 法兰克福肠 **80**g / 球生菜 **100**g / 番茄 **50**g

辅料

法式芥末酱 **15**g

参考热量

合计 **546** 千卡

TIPS

1. 如果没有法兰克福肠，也可以用别的种类的香肠来代替，例如火腿肠、大红肠等。
2. 如果买不到美式热狗面包，也可以用法棍来制作。

做法

1. 将美式热狗面包从正面中间剖开，不要剖断，留1cm连接处。
2. 平底不粘锅烧热，放入法兰克福肠，小火边翻边煎。
3. 煎至表面开始呈现金黄色，全部熟透即可。
4. 球生菜洗净沥干水分，切成细丝。
5. 番茄去蒂洗净，切成薄片。
6. 将美式热狗面包打开，铺上番茄片。
7. 放上法兰克福肠。
8. 撒上生菜丝，挤上法式芥末酱即可。

本菜所用沙拉酱：法式芥末酱 025 页

特色 提起牛排，大家就想到烛光大餐，红酒头盘。其实牛排也可以做成方便食用的三明治，配上健康的芦笋与爽口的洋葱，随身携带，补充能量。

黑椒洋葱牛排三明治

把大餐打包，随身携带

30分钟　中等

做法

1. 法棍切去头尾，只用中段。
2. 从侧面中间剖开，不要完全剖断，留约1cm的连接处。
3. 洋葱洗净去皮，切去根部，切成细丝，放入纯净水中浸泡。
4. 平底锅烧热，放入黄油，将牛排放入，大火将表面煎熟后翻面，然后依个人口味用中火煎至自己喜好的程度。
5. 芦笋洗净，切去老化的根部，放入煮沸的淡盐水中汆烫1分钟后捞出，沥水。
6. 将煎好的牛排切成条状。
7. 黑椒汁加少许纯净水放入小锅中加热至沸腾。
8. 将法棍打开，铺上洋葱丝，然后摆放上牛排条，再将烫好的芦笋穿插放好，淋上熬好的黑椒汁，盖好即可。

主料

法棍 **80**g / 牛排 **150**g / 洋葱 **100**g / 芦笋 **100**g

辅料

黄油 **10**g / 黑椒汁 **20**g / 盐少许

参考热量

合计 **526** 千卡

TIPS

想要煎好的牛排更加鲜嫩多汁，秘诀就是不需要解冻，以冷冻状态直接放入烧热的油锅，这样做可以最大程度锁住肉质里面的水分，避免在解冻过程中水分流失。

照烧鸡腿三明治

东瀛风味的新鲜搭配

90分钟　中等

特色

当日式风情的照烧鸡腿，遇上西式的三明治，能碰撞出怎样的美味呢？大胆尝试一下吧，不试过，怎知这世界是如此丰富而奇妙？

主料

法棍 **80**g / 鸡腿肉 **100**g（可食部分）/ 荷兰豆 **100**g / 紫甘蓝 **50**g

辅料

照烧沙拉汁 **50**g / 烘焙脱皮白芝麻 **5**g / 盐少许

参考热量

合计 **533** 千卡

做法

1. 鸡腿肉洗净，剔骨，切成小块。
2. 放入照烧沙拉汁中腌渍 1 小时左右。
3. 烤箱 180℃预热，将腌好的鸡腿铺在包好锡纸的烤盘上，入烤箱中层，烤 15 分钟。
4. 出炉后撒上烘焙好的脱皮白芝麻，备用。
5. 法棍切去头尾，只用中段，从侧面中间剖开，不要完全剖断，留约 1cm 的连接处。
6. 荷兰豆洗净，择去头尾，放入煮沸的淡盐水中汆烫 1 分钟后捞出，沥干水分。
7. 紫甘蓝洗净，沥去水分，切成细丝。
8. 将法棍打开，铺上烫熟的荷兰豆，然后放上烤好的照烧鸡腿块，撒上紫甘蓝丝，盖好即可。

TIPS

照烧鸡腿本身味道就比较浓郁，因此不需要再额外添加沙拉酱。如果喜欢，可以适当添加一些美乃滋或者千岛酱，口味也很和谐。

本菜所用沙拉酱：照烧沙拉汁 028 页

特色

麦香四溢的法棍里面有着大大的孔洞组织，细密的金枪鱼泥像懂得魔法一般，将这些孔洞填得严丝合缝，脆嫩的蔬菜点缀其间，咬下的每一口都是惊喜。

主料

法棍 **80**g / 水浸金枪鱼罐头 **80**g / 球生菜 **100**g / 速冻玉米粒 **50**g / 洋葱粒 **50**g / 西芹 **50**g

辅料

经典美乃滋 **20**g / 盐少许

参考热量

合计 **529** 千卡

TIPS

金枪鱼沙拉中的蔬菜可以根据自己的喜好调整，最好选用一些颜色鲜艳同时又有着鲜脆口感的蔬菜，都要尽量切碎，这样才能和金枪鱼肉融合在一起。

本菜所用沙拉酱：经典美乃滋 022 页

金枪鱼生菜三明治

超赞超满足，口口是惊喜

25 分钟　简单

做法

1. 洋葱粒撒少许盐腌渍片刻。
2. 法棍只用中段，从侧面中间剖开，不要完全剖断，留约 1cm 的连接处。
3. 速冻玉米粒放入沸水中汆烫 1 分钟，沥干水分备用。
4. 西芹去叶去根部，切成碎粒。
5. 水浸金枪鱼罐头打开后，沥去多余汁水，用筷子捣碎。
6. 金枪鱼、玉米粒、洋葱粒、西芹粒加入经典美乃滋拌匀。
7. 球生菜洗净，切成细丝。
8. 将切好的法棍打开，铺上生菜丝，然后用勺子将步骤 7 的沙拉平铺在上面，盖好即可。

煎米饼肉松三明治

给剩米饭一点不同的滋味

30 分钟　中等

做法

1. 将米饭用筷子和勺子拨散，不要有结块。
2. 胡萝卜洗净，切去根部，切成小块。
3. 将胡萝卜块放入切碎机中切成碎粒。
4. 将胡萝卜粒放入米饭中，打入 1 个鸡蛋，加少许盐，拌匀。
5. 不粘平底锅烧热，加入花生油，将步骤 3 的米饭用勺子辅助，煎成两个厚约 1cm 的圆饼，两面都要煎至金黄色。
6. 西葫芦洗净，切去根部，再切成圆形的薄片。
7. 西葫芦片放入煮沸的淡盐水中汆烫 1 分钟后捞出，沥水。
8. 取一块步骤 5 煎好的米饼，平铺上烫好的西葫芦片，撒上猪肉松，淋上塔塔酱，再盖上另一块米饼即可。

特色

剩余的米饭并非只能拿来做蛋炒饭，稍微花点心思，就能变身成特别的米饼。不需要太多时间，也不需要复杂的食材，却能为餐桌平添一份惊喜。

主料

米饭 **150**g / 猪肉松 **30**g / 西葫芦 **150**g / 胡萝卜 **50**g / 鸡蛋 **1** 个

辅料

花生油 **10**g / 盐少许 / 塔塔酱 **20**g

参考热量

合计 **598** 千卡

TIPS

1. 米饭最好选用隔夜的剩饭，但是保存剩饭时一定要盖好保鲜膜放入冰箱冷藏，使用时提前半小时从冰箱拿出回温。
2. 除了猪肉松之外，牛肉松、鱼松也是不错的选择。

本菜所用沙拉酱：塔塔酱 024 页

特色 榨豆浆剩下的豆渣，扔掉觉得浪费，吃起来又难以下咽。那就把它煎成豆渣饼吧！做多了也没关系，冻在冰箱就是外面也买不来的速冻美味呢！

煎豆饼培根三明治

变废为宝，惊喜的滋味

35 分钟　中等

做法

1. 豆渣加少许盐、葱花，打入 1 个鸡蛋，搅拌均匀。
2. 不粘平底锅烧热，加入花生油。
3. 用勺子辅助，将步骤 1 的豆渣煎成两个厚约 1cm 的圆饼，两面都要煎至金黄色。
4. 培根放入不粘平底锅，煎至两面熟透，撒上适量的现磨黑胡椒。
5. 黄瓜洗净，切去根部，斜切成薄片。
6. 苦苣洗净，去除老叶和根部，切成 3cm 左右的段。
7. 取 1 片步骤 3 煎好的豆饼，铺上煎好的培根片，然后放上黄瓜片。
8. 铺上苦苣，挤上经典美乃滋，用另一块煎好的豆饼覆盖即可。

主料

豆渣 **150**g / 培根 **2** 片 / 鸡蛋 **1** 个 / 黄瓜 **50**g / 苦苣 **20**g

辅料

葱花、盐各少许 / 花生油、经典美乃滋各 **10**g / 现磨黑胡椒适量

参考热量

合计 **448** 千卡

本菜所用沙拉酱：经典美乃滋 022 页

TIPS

打豆浆剩下的豆渣营养极其丰富，但是做豆渣饼的时候一定要尽量去除水分，这样煎出的豆渣饼才容易成形而不易碎裂。

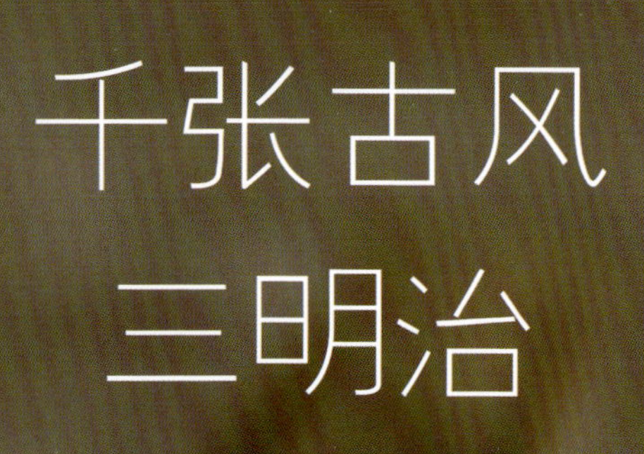

千张古风三明治

洋为中用，颜值与营养并重

40分钟　高级

特色 什么是沙拉？就是各种食材的简易混合体。对待烹饪，我们不妨大胆一点，洋为中用，为沙拉披上一件中式风情的美丽外衣吧！

主料

千张 1 张 / 鸡蛋 1 个 / 豇豆 50g / 杏鲍菇 50g / 无淀粉火腿 50g

辅料

花生油 5g / 玉米淀粉 1 茶匙 / 纯净水 1 茶匙 / 盐少许 / 韭菜若干根 / 塔塔酱 20g

参考热量

食材	千张 1 张	鸡蛋 1 个	豇豆 50g	杏鲍菇 50g
热量	196 千卡	72 千卡	16 千卡	18 千卡
食材	无淀粉火腿 50g	花生油 5g	塔塔酱 20g	合计
热量	78 千卡	44 千卡	98 千卡	522 千卡

做法

1. 将千张洗净，切成 6 块，放入开水中汆烫 1 分钟，小心地捞出，不要弄破。
2. 鸡蛋 1 个放入小碗中，加少许盐打散，加入 1 茶匙玉米淀粉和 1 茶匙纯净水搅拌均匀。
3. 不粘平底锅烧热，倒入花生油，将步骤 2 的蛋液倒入，平摊成蛋饼，保持中小火煎至金黄色，用铲子辅助，小心翻面，将另一面也煎至金黄。
4. 豇豆洗净，去头尾，切成与千张较长的一边同等的长度，放入烧开的淡盐水中汆烫 1 分钟左右。
5. 杏鲍菇洗净，切去老化的根部，然后切成与千张较长的一边同等长度的细条，放入沸水中煮 3 分钟后捞出；取几根韭菜洗净，放入余下的沸水中汆烫 10 秒钟即可捞出，沥干水分备用。
6. 无淀粉火腿去除包装，也切成与杏鲍菇一样的条。
7. 将步骤 3 煎好的蛋饼卷起，切成细条。
8. 取 1 片千张，铺上豇豆、杏鲍菇、火腿条、鸡蛋丝，紧紧地卷好，再用烫好的韭菜固定，摆放入沙拉盘中。全部卷好后点缀上塔塔酱即可。

TIPS

无淀粉火腿可以用其他肉类替代：火腿肠甚至是蒸好的粤式香肠都是不错的选择。如果想要全素的古风沙拉卷，也可以选用自己喜爱的蔬菜来替代，但是务必多搭配几种颜色，好看之余营养也更全面。

营 养 贴 士

千张又称百叶，是由黄豆加工制成的豆制品，含有丰富的蛋白质、卵磷脂及多种矿物质，能够防止血管硬化，预防骨质疏松等。

本菜所用沙拉酱：塔塔酱 024 页

牧羊人三明治

来自大不列颠的灵感

35 分钟　高级

特色

来自于牧羊人派的灵感，却做成沙拉的形式，大化小，繁化简，烹饪的魅力就在于不断地探索和创新。

主料

土豆 150g / 猪肉末 50g / 番茄 100g / 洋葱 50g

辅料

橄榄油 10g / 黄油 5g / 牛奶 20ml / 大蒜 2 瓣 / 盐少许 / 料酒 1 茶匙 / 红酒 1 茶匙 / 综合香草 1g / 现磨黑胡椒适量 / 叶生菜 2 片 / 番茄酱 30g / 圣女果 1 个

参考热量

合计 453 千卡

做法

1. 猪肉末加入料酒、少许盐搅拌均匀。
2. 洋葱洗净，去皮去根，用切碎机切成碎粒；大蒜用刀拍松后去皮，剁成蒜蓉；番茄洗净去蒂，切成尽量小的块状。
3. 炒锅烧热，加入橄榄油，然后放入蒜蓉爆香。
4. 倒入猪肉末大火翻炒 1 分钟后加洋葱粒，继续炒 1 分钟。
5. 加入番茄粒，撒上综合香草，倒入红酒，保持大火，待番茄红酒汁基本收尽即关火，依个人口味选择是否再加盐。
6. 土豆洗净，蒸熟或者煮熟后去皮，趁热加入黄油、牛奶和现磨黑胡椒，拌匀成可塑形状态的土豆泥（捏成小团后不变形、不开裂）。
7. 叶生菜洗净，用厨房纸巾吸去多余水分。
8. 取一半的土豆泥，放入盘中压成方形的小饼，中间薄四周厚略成火山口状，铺上生菜叶，将步骤 5 的番茄红酒洋葱肉酱倒入，再将剩余的土豆泥整形成一样大小的方形小饼，覆盖在上面，淋上番茄酱，点缀上切开的圣女果即可。

TIPS

判断土豆是否熟透，只需取 1 根筷子，能轻易插入土豆中即可。
制作土豆泥时，牛奶要一点点地加入，以便调和至最佳状态。
如果没有红酒，可以用 1 茶匙白糖来提味。

紫菜包饭三明治巨蛋

能量与美味，集于一蛋

35 分钟　高级

特色

方便携带的饭团里，包裹了满满当当的食材，就像一个充满魔力的能量球，满足你对味道和热量的全部需求。

主料

烤海苔 **2** 大张 / 米饭 **150**g / 鸡蛋 **1** 个 / 秋葵 **50**g / 叶生菜 **30**g / 明虾 **50**g

辅料

千岛酱 **30**g / 盐少许 / 花生油 **5**g / 纯净水 **2** 茶匙

参考热量

合计 **568** 千卡

本菜所用沙拉酱：千岛酱 023 页

做法

1. 鸡蛋打散，加入少许盐和 2 茶匙纯净水，搅拌均匀。
2. 炒锅烧热，加入花生油，倒入鸡蛋炒熟。
3. 虾去头去壳去虾线，入沸水汆烫 1 分钟后捞出，沥水。
4. 叶生菜洗净，用厨房纸巾吸去多余水分，撕成小块。
5. 秋葵洗净，放入沸水中汆烫 1 分钟后捞出，去根备用。
6. 将 1 张烤海苔平铺在保鲜膜上，在中间位置铺上一半的米饭，摊成圆形；然后平铺生菜叶（不要超过米饭的范围），挤上千岛酱，依次放上整根秋葵、鸡蛋和烫熟的虾仁。
7. 剩余的米饭铺在保鲜膜上，整形成略大一些的圆饼，兜住保鲜膜翻过来盖在沙拉上，轻压边缘，注意不要露出沙拉。
8. 将烤海苔向上包起，再取另一张烤海苔，边缘沾纯净水，利用保鲜膜将整个饭团包裹起来，一定要包裹得足够紧实。包好后从中间切开即可看到漂亮的巨蛋饭团切面。

TIPS

1. 第一次包裹饭团可能会出现卷不紧实或是形状不好看的情况，没有关系，多练几次就熟能生巧，饭团会越来越漂亮。
2. 利用保鲜膜包好的饭团可以放入冰箱冷藏，冷藏 **2** 小时以后再切可以让切面更加整齐。

第四章

美食必要美饮配

西部果园思慕雪

完美诠释"蔬果汁"

15 分钟　简单

特色

番茄既是蔬菜也是水果，其口味偏酸，还带有一丝甜味，单独榨汁并不好喝，但是与苹果搭配在一起却非常美妙，仿佛置身于果园之中，充满了维生素的气息。

主料

番茄 **50**g / 苹果 **50**g / 新鲜柠檬若干片 / 酸奶 **200**ml

辅料

现摘柠檬香蜂草若干片

参考热量

合计 **209** 千卡

做法

1. 番茄去蒂，洗净，切成小块。
2. 苹果洗净，去核，切成小块。
3. 柠檬切去一端，然后切成尽量薄的薄片，选取大小相差不大的 3 片。
4. 将番茄、苹果、酸奶一起放入搅拌机。
5. 搅打 1 分钟，成为淡红色的思慕雪。
6. 将柠檬片贴在杯壁上，倒入思慕雪，点缀上柠檬香蜂草的叶子即可。

TIPS

柠檬香蜂草在稍具规模的花卉市场香草区均可见到，如果购买不到也可以用薄荷叶代替。

1

2

3

4

5

6

甜心草莓思慕雪

把　春　天　喝　个　够

15分钟　简单

草莓是春天的象征，当在超市里看到它的身影时，就意味着春天的脚步已经接近了。短暂的草莓季，一定要多做几杯草莓甜心来犒劳自己。

做法

1. 草莓去蒂，洗净。
2. 用厨房纸巾吸干水分。
3. 取 3 颗最漂亮的草莓，纵向切开成 0.2cm 左右的薄片。
4. 仅取最中间两片面积最大的备用（共 6 片）
5. 将切掉的草莓边和剩余的草莓放入搅拌机，加入酸奶。
6. 搅打 1 分钟，成为粉红色的草莓思慕雪。
7. 将步骤 6 的思慕雪倒入透明的玻璃杯约 1cm，然后沿杯壁贴上切好的草莓片。
8. 倒入剩余的思慕雪，点缀上现摘的薄荷叶即可。

主料

草莓 **10** 颗 / 酸奶 **200**ml

辅料

现摘薄荷叶若干片

参考热量

食材	草莓 10 颗（约 100g）	酸奶 200ml	合计
热量	32 千卡	172 千卡	204 千卡

TIPS

1. 草莓片的数量，请根据选择的杯子来调整。
2. 制作思慕雪的杯子，请尽量选用透明的玻璃杯，方形、圆形都可以，容量最好在 **250** ~ **350**ml。

营 养 贴 士

草莓被誉为“水果皇后”，含有丰富的维生素、果胶、膳食纤维、花青素、微量元素等，能够保护视力、助消化、防便秘。

猕猴桃香蕉思慕雪

酸甜浓郁，一尝倾心

15分钟　简单

特色

猕猴桃多汁而酸爽，绿绿的颜色让人一扫疲惫，香蕉绵软而香甜，有着奶油一般的口感。搭配牛奶和巧克力做出的思慕雪，让人一见倾心，一尝钟情。

主料

猕猴桃 **1** 个（约 **100**g）/ 香蕉 **1** 根（约 **100**g）/ 牛奶 **200**ml

辅料

核桃仁半颗 / 巧克力酱 **5**g

参考热量

合计 **274** 千卡

TIPS

猕猴桃不宜选用过硬或者过软的果实，过硬酸度太高口感差，也难以去皮。过软的不易切成圆片。用手稍微用力可以按动，留下浅浅的印痕的，熟度刚刚好。

做法

1. 猕猴桃切去两端，用勺子贴果皮挖出果肉。
2. 在猕猴桃的中段切三四片厚度约0.2cm的圆片，贴在杯壁上。
3. 将剩余的猕猴桃切成小块。
4. 香蕉去皮，切 1 片厚度约 0.2cm 的圆片，余下的切成小块。
5. 将猕猴桃、香蕉、牛奶一起放入搅拌机。
6. 搅打 1 分钟，成为淡绿色的思慕雪。
7. 将打好的思慕雪倒入贴好了猕猴桃片的杯子里。
8. 在最上端放上香蕉圆片，点缀上核桃仁，挤上巧克力酱即可。

紫色迷情思慕雪

色彩魅惑，口感神秘

25分钟　中等

特色

紫色被赋予神秘而魅惑的定义，绵密的紫薯和清爽酸甜的蓝莓搭配在一起，既能呈现美丽的色泽，又兼具健康的元素。

主料

紫薯 **50**g ／牛奶 **100**ml ／蓝莓 **50**g ／酸奶 **100**ml

辅料

现摘薄荷叶若干片

参考热量

合计 **232** 千卡

TIPS

这款思慕雪杯壁没有点缀，如果喜欢，也可以选用香蕉片、草莓片等与紫色搭配比较和谐的果肉来做点缀。

做法

1. 中等大小的紫薯洗净，包裹上餐巾纸，并将餐巾纸打湿。
2. 放入微波炉，高火5～7分钟，至用筷子可以轻易插透即可。
3. 取出紫薯，剥开餐巾纸，用筷子把紫薯从中间捣开散热。
4. 取50g紫薯，和100ml牛奶一并放入搅拌机，搅打1分钟，成紫薯思慕雪。
5. 将紫薯思慕雪倒入玻璃杯。
6. 蓝莓洗净，用厨房纸巾吸去多余水分。
7. 留出几颗最漂亮的蓝莓，将剩余的蓝莓和酸奶放入搅拌机，搅打1分钟，成蓝莓思慕雪。
8. 用勺子抵住杯壁做缓冲，将蓝莓思慕雪缓缓倒入杯子中，形成深浅不一的紫色思慕雪分层，在顶端点缀蓝莓和现摘薄荷叶即可。

1

2

3

4

5

6

7

8

桃乐多思慕雪

不容错过的蜜桃季

15 分钟　　简单

水蜜桃的季节非常短暂，所以当季时一定不要错过。配上酸香的西柚，和甜滋滋的养乐多，健康又甜蜜。

主料

水蜜桃 **50**g / 红心蜜柚 **50**g / 酸奶 **100**ml / 养乐多 **100**ml

辅料

杏仁片若干片

参考热量

食材	水蜜桃 **50**g	红心蜜柚 **50**g	酸奶 **100**ml	养乐多 **100**ml	合计
热量	**22** 千卡	**21** 千卡	**86** 千卡	**75** 千卡	**204** 千卡

做法

1. 水蜜桃洗净，对半切开，去核。
2. 将水蜜桃切几片半圆形的薄片，余下的切成小块。
3. 红心蜜柚去皮，剥去瓣膜，去子，取果肉备用。
4. 将水蜜桃块、红心蜜柚（留下几小块做点缀用）、酸奶、养乐多一起放入搅拌机。
5. 搅打 1 分钟，成为淡粉色的思慕雪。
6. 将水蜜桃片贴在杯壁上，倒入打好的思慕雪，点缀上西柚果肉，撒上杏仁片即可。

TIPS

水蜜桃以江苏无锡阳山产区为最佳。如果没有应季的水蜜桃，也可以选用别的品种的桃子。

营养贴士

水蜜桃的蛋白质含量是苹果的 3 倍，铁元素是苹果的 3 倍，还富含多种维生素，具有美肤、养胃、润肺、祛痰等功效。

夏日香芒思慕雪

盛夏吹过芒果香

15分钟　中等

香气馥郁的芒果，充满夏日气息的西瓜，搭配在一起，呈现出漂亮的橙红色，让人看着就胃口大开，最适合在炎热的夏季饮用，解渴又开胃。

主料

芒果 **50**g / 西瓜 **100**g / 酸奶 **100**ml / 老酸奶 **100**ml

辅料

现摘柠檬香蜂草若干片

参考热量

合计 **225** 千卡

做法

1. 西瓜取果肉，剔去西瓜子，切几片厚度约 0.2cm 的三角形小块，贴在杯壁上。
2. 芒果洗净，沿中间紧贴果核剖开。
3. 将切下的芒果紧贴搅拌机的杯壁，借助杯壁将果肉刮出。
4. 加入酸奶，搅拌成芒果思慕雪，倒入玻璃杯中。
5. 将剩余的西瓜和老酸奶一起，放入搅拌机搅打 1 分钟，成西瓜思慕雪。
6. 用勺子抵住杯壁做缓冲，将西瓜思慕雪缓缓倒入杯子中，形成分层，点缀上现摘的柠檬香蜂草叶子即可。

TIPS

将西瓜三角放在分层的交界处，会使整杯思慕雪显得格外活泼。

特 色

双色的火龙果，虽然是同样的口感，却呈现出不同的色泽。交错搭配，犹如雪后梅园，雅致而清新。

主料

红心火龙果 **50**g / 火龙果 **50**g / 酸奶 **200**ml

辅料

椰蓉 **2**g

参考热量

合计 **246** 千卡

—— TIPS ——

制作双色思慕雪时，一般先制作颜色较浅的部分，再制作颜色较深的部分，这样制作出的思慕雪颜色才会更加干净。

踏雪寻梅思慕雪

一般火龙果，两样好颜色

15 分钟　简单

做法

1. 火龙果洗净，从中间切开，用勺子取出果肉。
2. 分别切成小块，放于两个小碗中备用。
3. 先将普通火龙果和 100ml 酸奶倒入搅拌机，搅打 1 分钟后，倒入玻璃杯。
4. 再将红心火龙果和剩余的酸奶倒入搅拌机，搅打 1 分钟。
5. 用勺子抵住杯壁做缓冲，将步骤 4 的红心火龙果思慕雪缓缓倒入杯子中，形成分层。
6. 在顶端撒一些椰蓉做点缀即可。

百香青柠雪梨思慕雪

飘 香 百 里， 喝 出 好 气 色

15 分钟　简单

百香果的香气特别浓郁，搭配多汁香甜的雪梨，光是闻一下就能提神开胃。点缀上漂亮的冻干无花果，漂亮的思慕雪带给你由内而外的好气色。

主料

百香果 1 个（可食部分约 50g）/ 雪梨 100g / 酸奶 200ml / 青柠檬若干片

辅料

冻干无花果 5g

参考热量

食材	百香果 50g	雪梨 100g	酸奶 200ml	冻干无花果 5g	合计
热量	48 千卡	50 千卡	172 千卡	17 千卡	287 千卡

做法

1. 青柠檬洗净，选用中间的部分，切三四片厚度约 0.2cm 的柠檬片。
2. 将切好的青柠片贴在杯壁上。
3. 雪梨洗净，去皮去核，切成小块，放入料理机。
4. 加入一半的酸奶，打匀后倒入杯中。
5. 百香果洗净，取出果肉。
6. 放入料理机，加入剩余的酸奶，搅打均匀。
7. 用勺子抵住杯壁做缓冲，将百香果思慕雪倒入杯子中，这样既能呈现分界分明的两种颜色的思慕雪。
8. 点缀上冻干无花果即可。

TIPS

也可以留几粒切好的雪梨果肉放在顶端，代替冻干无花果。

营养贴士

百香果又称鸡蛋果，含有 17 种氨基酸，以及丰富的维生素、微量元素、SOD 酶和膳食纤维等对人体有益的物质，被誉为“水果之王”。

苹果巧克力
思慕雪
水果与糖果的巧妙融合
20分钟
中等

不知道是谁发明了苹果和巧克力的搭配，果香和可可香融合得天衣无缝。这样一杯诱人的思慕雪，热量稍高又何妨？

做法

1. 将巧克力去除包装，掰成小块，放入金属的量勺中。
2. 烧一小锅水，水温保持 40℃左右（和洗澡水差不多的温度）。
3. 将装有巧克力的金属量勺架在锅上，使水接触至量勺的中间部位。
4. 用筷子或者小刮刀搅拌巧克力，使之融化。
5. 用手指蘸取融化的巧克力，在玻璃杯壁上画出螺旋状的花纹，将杯子置入冰箱，余下的巧克力保温备用。
6. 苹果洗净，去核，切成小块。
7. 将苹果块、剩余的热巧克力酱与酸奶一起放入搅拌机打成思慕雪。
8. 将打好的思慕雪倒入玻璃杯中，撒上少许的肉桂粉即可。

主料

苹果 **100**g / 酸奶 **200**ml / 牛奶巧克力 **30**g

辅料

肉桂粉少许

参考热量

食材	苹果 100g	酸奶 200ml	牛奶巧克力 30g	合计
热量	54 千卡	172 千卡	164 千卡	390 千卡

TIPS

1. 巧克力隔水融化的温度一定不能过高，不然会造成可可脂分离析出，严重影响口感。
2. 巧克力的种类可以根据个人口味选择，牛奶巧克力或者黑巧克力都可以。请尽量购买“纯可可脂”成分的巧克力，而不是人造的“代可可脂”，虽然价格略高，但是吃起来比较健康。

营 养 贴 士

巧克力所包含的抗氧化成分与红酒类似，有利于预防心血管疾病，其中的可可碱、苯乙基和咖啡因等，可以舒缓神经，增强大脑活力，具有很好的镇静作用。

奶油森林思慕雪

带你走进甜美的水果森林

15分钟　简单

特色

牛油果本身就被称为森林奶油，再搭配上极富奶油口感的香蕉，淡绿的色泽让人仿若进入甜美的水果森林，身心都感到舒适与惬意。

做法

1. 牛油果从中间剖开，去除果核，取一半使用，另外一半放入密封盒内冷藏保存。
2. 用小刀在果肉上划出格状纹路，尽量不要划破果皮。
3. 用勺子紧贴果皮，将果肉取出，直接放入搅拌机。
4. 香蕉剥皮，切取 6 片厚度约 0.2cm 的香蕉片，用蔬菜切模切成花朵状或者心形。
5. 将切好的香蕉片贴在玻璃杯壁上。
6. 将剩余的香蕉放入搅拌机，并加入牛奶。
7. 搅拌 1 分钟，成淡绿色的香蕉牛油果思慕雪。
8. 将思慕雪倒入玻璃杯中，于顶端点缀几颗腰果即可。

主料

香蕉 **1** 根（约 **100**g）/ 牛油果半个（约 **80**g）/ 牛奶 **200**ml

辅料

腰果几颗（约 **5**g）

参考热量

食材	香蕉 100g	牛油果 80g	牛奶 200ml	腰果 5g	合计
热量	93 千卡	64 千卡	198 千卡	28 千卡	383 千卡

TIPS

1. 制作这款思慕雪时，由于香蕉需要切花，所以要挑选个头比较大的香蕉，才能切出完整的花朵。
2. 先处理牛油果，是因为香蕉氧化极快，所以在切好之后的制作一定要非常迅速，尽快将思慕雪倒入杯中，才能保证贴在杯壁上的香蕉片保持洁白的颜色。

营养贴士

香蕉原产于亚洲东南部，富含碳水化合物、维生素、蛋白质和多种矿物质，其中钾元素的含量尤为丰富，对高血压有辅助食疗作用，还可缓解便秘，舒缓情绪，减轻疲累感。

低脂奶茶

好喝不长肉的健康选择

5分钟　简单

闲时在家自制一杯奶茶吧，选用自己喜爱的红茶包，以及健康的脱脂奶粉，不仅是好喝，而且对身体没有负担，还能补充营养又养颜！

主料

红茶包 **3** 包 / 纯净水 **350**ml / 脱脂奶粉 **20**g

辅料

方糖一两块

参考热量

合计 **93** 千卡

做法

1. 将红茶包拆封，放入茶杯。
2. 纯净水烧至 85℃，冲入茶杯中。
3. 上下提动茶包，使红茶析出，浸泡两三分钟即可。
4. 在另一个杯子中加入 20g 脱脂奶粉。
5. 将冲泡好的红茶缓缓倒入，并同时用长勺将奶粉和茶搅拌均匀。
6. 依个人口味加入适量方糖，搅拌溶化即可。

TIPS

制作奶茶时，为使得奶茶味道更加浓郁突出，所以要放 **3** 包茶包，而不是平时单独冲饮时的 **1** 包。

如果对热量没有太苛刻的要求，可以改用普通的全脂奶粉，奶味会更加突出。

也可以在冲泡红茶时放上一两朵玫瑰花，就是高颜值的玫瑰奶茶了。

特色

牛奶+绿茶，充满日式风情的小清新搭配，近年来在日料店大受欢迎，如此高颜值的奶绿，其实制作起来相当简单呢！

主料

纯净水 **350**ml / 脱脂奶粉 **20**g / 抹茶粉 **5**g

辅料

方糖一两块

参考热量

合计 **105** 千卡

TIPS

绿茶粉的品质对奶绿起着至关重要的作用，以日产“小山园”系列的抹茶粉为最佳。如果购买不到，在选购时也尽量选取大品牌的天然抹茶粉，喝起来才健康。

冲泡茶叶的水一定选用纯净水而不是矿泉水，后者的矿物质会与茶水中的各种成分起一系列的化学反应，直接影响到茶汤的口感和色泽。

做法

1. 在玻璃杯中加入脱脂奶粉和抹茶粉。
2. 纯净水烧至 85℃，缓缓冲入茶杯中。
3. 不要一次全部将水冲入，先倒进大约 1/4 杯，搅拌至抹茶粉和奶粉基本溶化后再缓缓加入剩余的水。
4. 依个人口味加入适量方糖，搅拌均匀即可。

1

2

3

4

柚子蜜水果红茶

秋 冬 最 佳 茶 饮

20分钟　中等

特色 冬天里，沏一壶浓情蜜意的水果红茶，邀三五知己，围炉小聚，颇有“晚来天欲雪，能饮一杯无”的情调。

做法

1. 将红茶放入花茶壶的滤网内，纯净水烧至 85℃。
2. 注入约 150ml 烧好的水，倒掉，此步骤为洗茶。
3. 苹果洗净，去皮，去核，切成小块。
4. 橙子切成八瓣，剥皮，切成小块。
5. 将苹果块和橙子块放入花茶壶中。
6. 将装有洗好的红茶的滤网装回到花茶壶，并在滤网内加入 30g 的蜂蜜柚子茶。
7. 水再次烧至 85℃，注入花茶壶。
8. 在花茶壶底部点上蜡烛，将壶放在壶架上，2 分钟后即可开始饮用。

主料

红茶 **15**g / 纯净水 **800**ml / 蜂蜜柚子茶 **30**g / 苹果半个 / 橙子半个

参考热量

食材	红茶	纯净水	蜂蜜柚子茶 **30**g
热量	**0** 千卡	**0** 千卡	**78** 千卡
食材	苹果半个（约 **60**g）	橙子半个（约 **60**g）	合计
热量	**32** 千卡	**29** 千卡	**139** 千卡

TIPS

如果选用的是红茶包而不是散装红茶，需要大约 **3** 包，且无需洗茶。

如果选用的是压缩砖状红茶（如滇红砖），需要再重复一遍洗茶步骤，即洗两次茶。

茶味变淡后，只需换掉滤网内的红茶，重复步骤 **1**、**2**、**6** 即可继续饮用。

营养贴士

蜂蜜柚子茶能够理气化痰、润肺清肠、补血健脾，是顺气解腻、清火美容的佳品。

百香青柠苹果茶

酸爽香甜，四季皆宜

20分钟　中等

热饮飘香，冷饮激爽，一年四季都可以喝，冷热皆宜的水果茶，谁能不爱呢？

主料

百香果 **1** 个 / 青柠檬半个 / 苹果半个 / 纯净水 **600**ml

辅料

方糖一两块

参考热量

食材	百香果 **1** 个（可食部分约 **40**g）	青柠檬半个（约 **25**g）	苹果半个（约 **60**g）
热量	**39** 千卡	**10** 千卡	**32** 千卡
食材	纯净水	合计	
热量	**0** 千卡	**81** 千卡	

TIPS

夏天，室温冷却后放入冰箱冷藏 **2** 小时即成为冷饮。也可提前一晚做好以备第二天饮用。

做法

1. 苹果洗净，去皮去核，切成半圆形的薄片。
2. 青柠檬洗净，切成薄片。
3. 百香果洗净，切开，将果肉挖出，倒入杯中。
4. 把切好的苹果片和柠檬片放入杯中。
5. 加入方糖，冲入煮沸的纯净水。
6. 用长勺或筷子搅拌均匀，约 5 分钟后即可饮用。

营养贴士

青柠檬并不是未成熟的柠檬，而是柠檬中的一种。它含有丰富的维生素 C，能够止咳化痰、生津健脾，经常食用可预防癌症、降低胆固醇、增强免疫力。

香桃茉莉

水果遇花茶　温馨而甜蜜

15 分钟　简单

特色

桃子的果香，茉莉的花香，绿茶的清香，融汇交错，带给舌尖和鼻息最温柔甜美的享受。

主料

蜜桃 **1** 个 / 茉莉花茶 **15**g / 纯净水 **800**ml

辅料

方糖一两块

参考热量

合计 **108** 千卡

TIPS

也可以选购茉莉花茶包来制作，用量为 **2** 包。

散装的茉莉花茶购买时需要注意，应选用传统工艺制作的经由茉莉花瓣窨制的茶，此类茶价格往往不会特别低廉。价格过于低廉的茉莉花茶一般为香精调制，不利健康，且茶香、花香不自然、不持久。

做法

1. 桃子洗净，对半切开。
2. 去除桃核，然后切成半圆形的薄片。
3. 将纯净水烧至 85℃，取 150ml 冲入茉莉花茶中，沥去水分，倒掉，此步骤为洗茶。
4. 再次向茉莉花茶中注入 85℃的水，浸泡 3 分钟左右，滤去茶叶丢掉，仅留茶水。
5. 在泡好的茉莉茶水中加入蜜桃片。
6. 放入一两颗方糖，搅拌均匀即可。

特色

浓郁芬芳的玫瑰花蕾，清冽提神的白茶，搭配得恰到好处。一温一凉，即能败火，又能温补养颜，是非常适合女士养生的一款茶饮。

玫瑰白茶

朱砂痣与白月光

10分钟 简单

主料

干玫瑰花蕾 **6** 颗 / 白茶 **10**g / 纯净水 **800**ml

辅料

蜂蜜 **5**g

参考热量

合计 **16** 千卡

TIPS

白茶分为茶饼和散茶两种，如果使用的是茶饼，则需要多备 **150**ml 的纯净水，重复一遍洗茶步骤以保证茶汤清澈干净。

白茶年份越久，去火的效果越好，以十年以上的老白茶效果最佳。

做法

1. 将纯净水煮沸，白茶放入飘逸杯内层，玫瑰花蕾放入飘逸杯外层。
2. 注入 150ml 的沸水，沥去茶水倒掉，此步骤为洗茶。
3. 将余下的沸水注入飘逸杯，浸泡 10 秒后将茶水漏下。
4. 重复此步骤，每次浸泡时间顺延 5 秒。
5. 所有纯净水冲泡完毕，静置约 3 分钟，使玫瑰花蕾的味道进一步溶于茶水即可。
6. 如需添加蜂蜜，请等到茶水温度约 60℃（入口不烫）再添加，以免破坏蜂蜜的营养成分。

青柠蜂蜜绿茶

夏 天 的 清 爽 气 息

15 分钟　简单

青柠檬酸爽清新，绿茶清凉去火，搭配甘甜的蜂蜜，春夏饮用，最为适宜。

主料

青柠檬 **1** 个 / 绿茶 **20**g / 纯净水 **1**L / 蜂蜜 **30**g

辅料

现摘柠檬香蜂草或薄荷叶若干片

TIPS

超过 **60**℃的热水会破坏蜂蜜的营养成分，因此一定不能在水温过高时添加。

制作这款茶饮的绿茶种类丰富，例如日照绿、竹叶青、毛尖、碧螺春等，可以依据自己喜好的口味来选择。

如果选用绿茶茶包来制作，可省去洗茶步骤，直接将茶包与柠檬片放入晾水杯，冲入热水即可。用量为 **4** 包。

做法

1. 青柠檬洗净，切成薄片。
2. 纯净水烧至 80℃，将绿茶置于飘逸杯内。
3. 注入 150ml 的热水，沥去茶汁倒掉，此步骤为洗茶。
4. 将剩余的热水注入飘逸杯，浸泡 8 秒后按下开关，分离茶水。
5. 重复此步骤，每次浸泡时间顺延 5 秒。
6. 将青柠檬片放入晾水杯，倒入绿茶茶水，放至可以入口不烫的温度，加入蜂蜜搅拌均匀。
7. 加入几片柠檬香蜂草或者薄荷叶。
8. 凉至室温后放入冰箱，24 小时内饮用完毕。

参考热量

合计 **116** 千卡

桂花普洱茶

金秋香桂，陈年普洱，最是养胃

10分钟　简单

特色

桂花香气怡人，暖胃健脾，祛寒补虚；普洱茶甘醇厚重，解油腻，滋阴养颜。这款茶饮最适合秋冬季节饮用。

主料

桂花 **5**g / 熟普洱 **10**g / 纯净水 **800**ml

辅料

冰糖 **5**g

参考热量

合计 **20** 千卡

TIPS

先洗一遍茶，再放入桂花清洗，是因为普洱茶制作工艺复杂，需要清洗两次才能洗去杂质，而桂花只需要清洗一遍冲去浮尘即可。

这款茶也可以选用花茶壶来制作，普洱是一款非常耐泡耐煮的茶，经过反复滚煮之后味道会愈发醇厚。

做法

1. 纯净水煮沸，将普洱茶置于飘逸杯内。
2. 注入150ml的热水，沥去茶汁倒掉，此步骤为洗茶。
3. 将桂花撒在洗好的普洱茶上，再注入150ml水，同样沥去茶汁倒掉。
4. 将冰糖放入飘逸杯内洗好的茶上，用剩余的热水注入飘逸杯，浸泡8秒后按下开关，分离茶水。
5. 重复此步骤，每次浸泡时间顺延5秒。
6. 所有热水冲泡完毕，即成为桂花普洱茶。

草莓洛神花

春　风　拂　面　美　人　笑

15分钟　简单

洛神花形状奇特，汤色艳丽，口感酸甜，搭配草莓的果香，最适宜春天饮用。一口下去，满是春风拂面的感觉。

主料

草莓 **100**g / 洛神花 **3** 朵 / 纯净水 **800**ml

辅料

冰糖 **5**g

参考热量

食材	草莓 100g	洛神花	纯净水	冰糖 5g	合计
热量	32 千卡	0 千卡	0 千卡	20 千卡	52 千卡

TIPS

这款茶即适合在下方点小蜡烛，边加热边饮用，也适合放凉到室温，置于冰箱冷藏后作为冷饮。

营养贴士

洛神花含有柠檬酸、维生素 C、接骨木三糖苷等营养成分，能平衡血脂，解毒利水，促进消化和钙的吸收，还能抗氧化、美容养颜、解酒消怠。

做法

1. 纯净水煮沸，洛神花略微揉碎，放入花茶壶的滤网内。
2. 取 150ml 冲入洛神花中，弃去茶汤，此步骤为洗茶。
3. 草莓去蒂，洗净。
4. 将洗好的草莓切成薄片，放入花茶壶外层。
5. 在花茶壶内层滤网内加入冰糖，注入沸水。
6. 浸泡 3 分钟左右，待汤色变红即可饮用，

柠檬冰红茶

自 制 饮 品， 健 康 实 惠

10 分钟 简单

柠檬果香四溢，红茶醇厚迷人，在家自制的柠檬红茶，不仅健康实惠，味道也更加甜美。

主料

柠檬 **1** 个 / 红茶 **20**g / 纯净水 **1**L

辅料

冰糖 **10**g

参考热量

食材	柠檬 **1** 个（约 **50**g）	红茶	纯净水	冰糖 **10**g	合计
热量	**20** 千卡	**0** 千卡	**0** 千卡	**40** 千卡	**60** 千卡

做法

1. 柠檬洗净，切成薄片。

2. 纯净水烧至 85℃，将红茶置于飘逸杯内。

3. 注入 150ml 的热水，沥去茶汁倒掉，此步骤为洗茶。

4. 将冰糖放入飘逸杯内洗好的红茶上，用剩余的热水注入飘逸杯，浸泡 8 秒后按下开关，分离茶水。

5. 重复此步骤，每次浸泡时间顺延 5 秒。

6. 将柠檬片放入晾水杯，倒入冲好的冰糖红茶，放至室温后放入冰箱冷藏，24 小时内饮用完毕。

TIPS

如果使用红茶包，可省略洗茶泡茶的步骤，直接将茶包与柠檬片、冰糖一起放入晾水杯，冲入 **85**℃热水，浸泡 **3** 分钟后取出茶包丢弃即可。茶包用量为 **4** 包。这款茶也可以趁热饮用，热饮酸味较为明显，可以适当多放一点冰糖，冷饮甜味较突出。

营 养 贴 士

红茶富含茶多酚、氨基酸、果胶、咖啡碱等成分，能够提神消疲、生津清热、消炎杀菌、利尿解毒、美容养颜、养脾护胃、抗衰老。

萨巴厨房图书系列

吃出健康系列

沙拉花园

—×—

沙拉可以当早餐、午餐、早午餐、晚餐、零食、配餐、加餐、餐前小点、餐后小馔，小朋友爱吃，老人的肠胃也适合，而对于事业繁忙的中青年来说，更是健康饮食的第一选择。

能量果蔬汁

—×—

果蔬汁中不仅充满了能量，也充满了神奇，各式各样的搭配，呈现各种颜色、味道，让你变瘦、变美、变健康的魔力，也就此而生。

粗粮细做

—×—

粗粮，不仅仅是返璞归真，适度吃粗粮对健康是有很大帮助的。想让身体回归到一个自然的健康状态，要时常吃一些粗粮哦！

聪明宝宝营养辅食轻松做

—×—

这本书是给你在宝宝最关键生长阶段的辅食参考，简单实用，美味又健康，给你更多为宝宝做辅食的方法和灵感。

减脂轻食

—×—

轻食，是健康饮食的风尚，也是轻烹饪、重营养搭配的生活方式，节省出繁杂的操作时间，好好享用美味、享受生活、享受健康吧！

像营养师一样吃晚餐

—×—

美好的一顿晚餐，是热量少、易消化、品类多，有菜有肉，有汤有鱼，有粗粮主食少许，能饱腹，同时精神也满足。

像女王一样吃早餐

—×—

早餐是最重要的一餐，像女王一样吃一顿豪华美味的早餐，却不花自己太多时间，是对自己最大的犒劳。

主食沙拉

—×—

主食沙拉，一顿健康的简餐；一盘清爽和营养美味的结合，轻食新享受从这里开始。

一煲好汤

—×—

一煲好汤，是对自己和家人最好的犒劳，想让自己一年四季都能轻松做出一煲美味靓汤，就从这本书开始。

一碗好粥

—×—

一碗粥，让自己和家人被这份香浓和细腻环绕，想让舌尖和身体被温柔以待，享受细致入微的滋润和健康，就从这本书开始。

元气素食

—×—

即便不是素食主义者，也可以时常吃些素食，让自己的身体更健康、更舒服。
这本书中的素食，味道也一定不会让你的嘴巴失望。

图书在版编目（CIP）数据

萨巴厨房．主食沙拉 / 萨巴蒂娜主编．— 北京：
中国轻工业出版社，2018.5
ISBN 978-7-5184-1404-8

Ⅰ．①萨… Ⅱ．①萨… Ⅲ．①沙拉 - 菜谱 Ⅳ．① TS972.12

中国版本图书馆 CIP 数据核字 (2017) 第 090997 号

责任编辑：高惠京　**责任终审：**劳国强　**整体设计：奇文雲海 Chival IDEA**
策划编辑：龙志丹　**责任校对：**李　靖　**责任监印：**张京华

出版发行：中国轻工业出版社（北京东长安街 6 号，邮编：100740）
印　　刷：北京博海升彩色印刷有限公司
经　　销：各地新华书店
版　　次：2018 年 5 月第 1 版第 4 次印刷
开　　本：720×1000　1/16　**印张：**12
字　　数：200 千字
书　　号：ISBN 978-7-5184-1404-8　**定价：**39.80 元
邮购电话：010-65241695
发行电话：010-85119835　**传真：**85113293
网　　址：http://www.chlip.com.cn
Email：club@chlip.com.cn
如发现图书残缺请与我社邮购联系调换
180430S1C104ZBW